핵심만 간추린

전자
회로
실험

핵심만 간추린

전자 회로 실험

ELECTRONIC CIRCUIT EXPERIMENT

김형락 지음

교문사

저자 소개

김형락

현 대림대학교 전기공학과 교수
연세대학교 전기전자공학과 공학박사
연세대학교 전기전자공학과 박사후연구원
Georgia Institute of Technology Post-doctoral research fellow
전 삼성전자 무선사업부 책임연구원
전 삼성종합기술원 Radio SP 그룹 전문연구원

국립전파연구원 기술자문 및 심의위원
정보통신기획평가원 기술평가위원
한국방송통신전파진흥원 기술평가위원
한국정보통신기술협회 기술평가위원
한국전파진흥협회 기술평가위원
한국산업기술진흥협회 기술평가위원
중소기업기술정보진흥원 기술평가위원
조달청 기술평가위원
한국산업기술평가관리원 기술평가위원
국토교통과학기술진흥원 기술평가위원

저서 및 역서: 《전자기학의 이해》, 《안테나 이론과 설계》

핵심만 간추린 **전자회로실험**

초판 발행 2022년 12월 20일

지은이 김형락
펴낸이 류원식
펴낸곳 교문사

편집팀장 김경수 | **책임진행** 김성남 | **디자인** 신나리 | **본문편집** 홍익m&b

주소 10881, 경기도 파주시 문발로 116
대표전화 031-955-6111 | **팩스** 031-955-0955
홈페이지 www.gyomoon.com | **이메일** genie@gyomoon.com
등록번호 1968.10.28. 제406-2006-000035호

ISBN 978-89-363-2466-7 (93560)
정가 14,000원

머리말

전자회로는 전기전자 분야의 필수 과목 중 하나로 일상에서 접하는 현대의 거의 모든 전자기기에서 사용되는 다이오드 응용회로와 BJT/FET 기반의 증폭회로에 대한 이론을 학습하며, 전자회로에서 학습한 이론을 기반으로 여러 전자계측기를 활용하여 실제적인 실험을 수행하는 과목이 전자회로실험이다.

대학에서 전자회로와 전자회로실험을 가르치면서 학생들이 전자회로의 핵심 이론과 실험 방법을 학습하는 데 있어 쉽고 간결하면서도 핵심내용이 잘 전달될 수 있는 수업 방법을 항상 고민해 왔고, 이에 대한 노력으로 전자회로실험 과목에서 저자가 직접 실험하며 얻은 결실을 모아 《핵심만 간추린 전자회로실험》을 집필하게 되었다.

이 책의 특징은 다음과 같다.

1. 옴의 법칙, 키르히호프의 전압/전류 법칙, 테브난/노턴의 정리, 임피던스/어드미턴스 같은 기본적인 회로 개념만으로도 이해할 수 있을 정도의 부담 없는 수준으로 설명하였으며, 핵심적인 부분은 수식과 그래프를 통해 직접 풀고 그리도록 하여 학생들의 집중을 끌어낼 수 있도록 하였다.
2. 책의 범위는 핵심적인 실험 내용만 집중적으로 다루며, 한 학기에 모두 마칠 수 있는 최소한의 분량으로 조절하였다.
3. 실험 5와 실험 9에서의 실험 결과는 이후 다른 실험에서도 계속 사용되므로 측정 데이터와 특성 그래프 추출에만 집중할 수 있도록 하였다.
4. PSpice 시뮬레이션, 계측기 사용법, 브레드보드 사용법, 결선도와 같은 부수적인 내용은 과감히 생략하여 책의 분량을 줄이고 실험 내용에만 집중할 수 있도록 하였다.

이 책을 통해 전기전자공학을 전공하는 학생들에게 꼭 당부하고 싶은 말이 있다.

전자회로실험은 전자회로의 이론들을 실제 실험으로 검증하는 과정이라는 것을 반드시 기억했으면 한다. 정확한 전자회로 실험을 위해서는 수업 전 전자회로 전공서적에서 해당하는 이론을 한 번 더 정독하여 관련된 수식 및 그래프가 의미하는 바와 회로의 동작 과정을 먼저 이해하는 것이 매우 중요하다.
많은 학생들이 전자회로실험 보고서를 쓰기 위해 이론에 대한 확실한 이해 없이 PSpice 시뮬레이션에 많은 시간을 할애하지만 PSpice는 전자회로의 이론을 확인하는 툴(tool)로서 이용가치가 있는 것이지 회로의 동작원리를 알려주지는 않는다는 것을 알아야 한다. 따라서 PSpice 시뮬레이션보다 전자회로 이론 전공서적에 나온 수식과 그래프의 의미 파악과 회로의 동작원리를 먼저 깨우치는 것이 훨씬 더 중요하며, 그러한 이론적 배경이 잘 다져진 상태에서 수행하는 전자회로실험은 대체로 순조롭게 진행되어 마무리된다.

공학을 공부하는 학생들은 실험을 통해 해당 이론을 검증해 보는 과정을 거친다. 전기전자공학을 전공하는 학생들은 실험을 위해 특히 많은 준비가 필요하다. 하지만 저자도 경험하였듯이 올바른 실험 결과를 얻기 위해 철저한 사전 노력을 기울일 때 비로소 공학의 진정한 학문적 의미를 알아갈 수 있다. 전기전자공학 분야를 공부하는 학생들이 이 책을 통해 전자회로실험의 핵심 과정과 함께 전자(electron, 電子)를 제대로 제어해 보는 진정한 희열을 맛보길 진심으로 희망한다.

이 책이 세상에 나오기까지 꼼꼼한 지적과 많은 고민을 함께해 주신 교문사 편집팀에 깊은 감사의 인사를 드린다.

마지막으로, 恩師이신 연세대학교 윤영중 교수님께 감사드리며, 가족, 특히 사랑하는 아내에게 이 결실을 선물하고 싶다.

2022년 12월
김형락

차례

실험 05 BJT 동작 특성

실험 06 BJT 고정 바이어스와 이미터 바이어스

실험 07 BJT 전압 분배 바이어스와 귀환 바이어스

실험 08 공통 이미터 증폭기

실험 09 JFET 동작 특성

실험 10 JFET 고정 바이어스와 자기 바이어스

실험 11 JFET 전압 분배 바이어스

실험 12 공통 소스 증폭기

실험 13 반전 증폭기와 비반전 증폭기

실험 14 가산기와 감산기

실험 15 비교기 동작 특성

실험 16 비교기 응용 회로

실험 01
반도체 다이오드 특성

1.1 실험 목표

○ 반도체 원자구조, 원자 간 공유결합, P형 및 N형 반도체의 구조적 특성을 이해할 수 있다.

○ 다이오드의 순방향 및 역방향 바이어스에 따른 특성을 관찰하고, 전체 특성곡선 그래프를 완성하여 이론과 비교할 수 있다.

1.2 필요 장비 및 부품

- 디지털 멀티미터(Digital Multimeter)
- 직류 전력 공급기(DC Power Supply)
- 저항(Resistor): 1 kΩ
- 1N4xxx 범용 다이오드(Diode)
- 브레드보드(Breadboard)

1.3 이론 요약

1.3.1 PN 접합 다이오드 구조

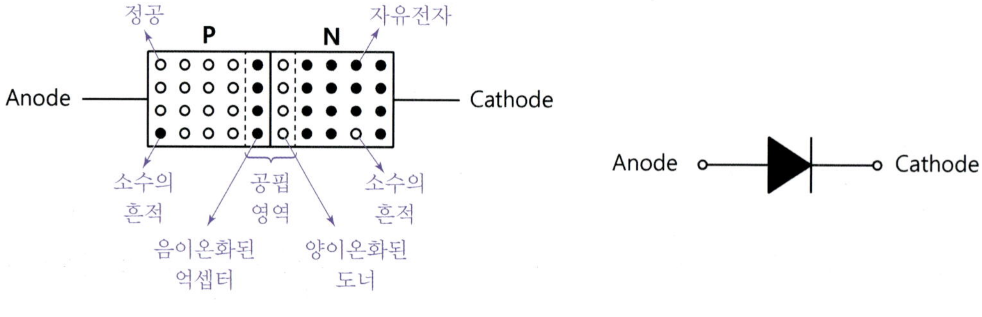

그림 1.1 열적 평형상태에서의 (a) PN 접합 다이오드 구조와 (b) 회로 기호

다이오드는 오드(ode)가 두 개(di)인 소자로, 순수 반도체에 불순물 도핑(doping)으로 자유전자와 정공의 농도를 증가시켜 각각 P형 반도체와 N형 반도체를 만들고 이들을 접합하여 디바이스화한 것을 말한다.

공핍영역에서의 전계로 인해 더 이상의 캐리어 확산을 저지하는 전위장벽이 형성된다.

참고로, 열적 평형상태란 PN 접합의 두 단자가 개방되어 외부에서 전압이 인가되지 않은 상태를 말한다.

1.3.2 PN 접합과 바이어스

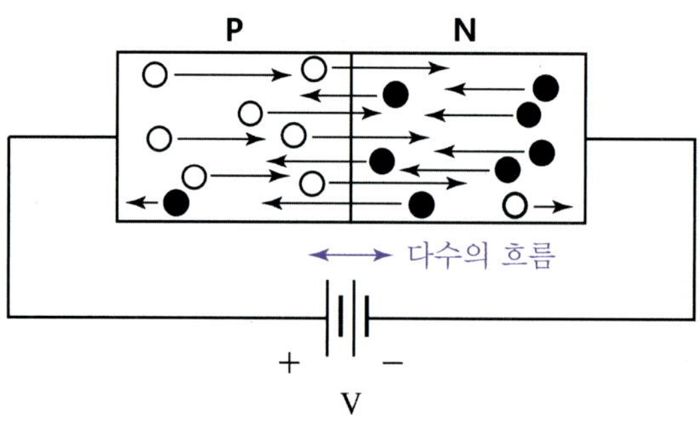

그림 1.2 PN 접합 다이오드의 순방향 바이어스

P형 반도체 외부에 (+) 전압과 N형 외부에 (−) 전압을 인가한다.

P형 반도체 내의 다수인 정공들은 반대편 외부 (−) 전압 쪽까지 이동한다.

N형 반도체 내의 다수인 자유전자들은 반대편 외부 (+) 전압 쪽까지 이동한다.

따라서 PN 접합 부근에서 전자와 정공의 다수가 접합 면을 통과하여 이동한다. [전류의 생성(On), 확산전류]

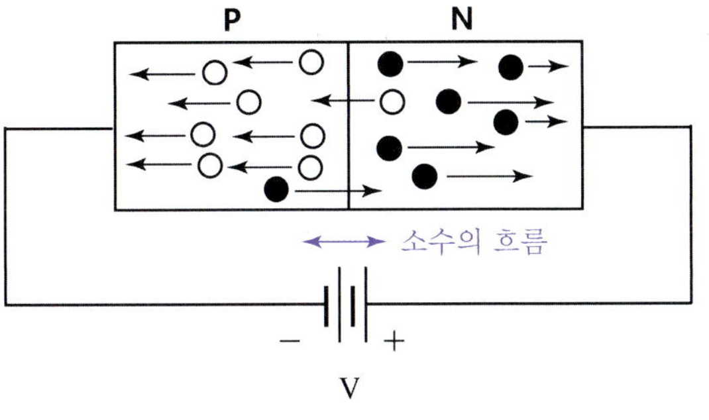

그림 1.3 PN 접합 다이오드의 역방향 바이어스

P형 반도체 외부에 (−) 전압과 N형 외부에 (+) 전압을 인가한다.

P형 반도체 내의 다수인 정공들은 같은 편 외부 (−) 전압으로 이동한다.

N형 반도체 내의 다수인 자유전자들은 같은 편 외부 (+) 전압으로 이동한다.

따라서 PN 접합 부근에서 전자와 정공의 다수가 접합 면을 통과하지 못한다. [전류의 차단(Off), 소수 캐리어에 의한 역방향 포화전류 생성]

1.3.3 PN 접합 다이오드의 전류-전압 특성

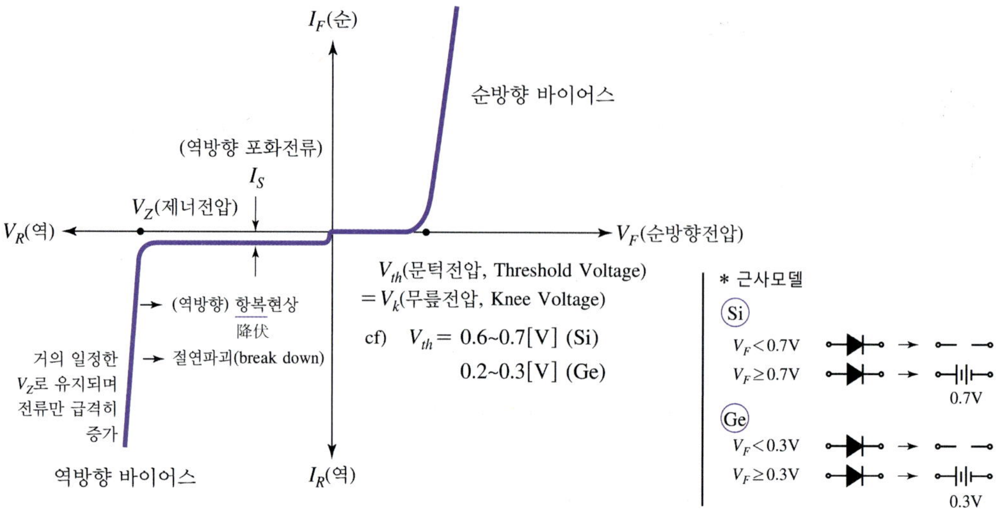

그림 1.4 PN 접합 다이오드의 특성곡선

역방향 바이어스 영역에서 역방향 포화전류는 0 V에서 제너전압(V_Z)까지 거의 일정하다.

V_Z보다 더 높은 역전압이 걸릴 경우에, 더 이상의 (−) 전압 증가는 일어나지 않고 거의 일정한 전압을 유지한 채 (−) 방향 전류만 급격히 증가한다.

순방향 바이어스에서 양의 전압을 걸고, 공핍층을 통과할 수 있을 정도의 특정한 에너지 문턱[문턱전압 V_{th}(또는 무릎전압 V_k)]을 넘어서면 급격한 (+) 방향 전류가 생성된다.

1.3.4 PN 접합 다이오드의 저항 성분

직류저항: 그림 1.4에서 보인 특성곡선의 어느 동작점에서 다이오드의 직류저항(R_D)은 그 점에서의 다이오드 전압과 다이오드 전류의 비로 계산된다.

$$R_D = \frac{V_D}{I_D} \tag{1.1}$$

교류저항: 다이오드의 AC 저항(r_d)은 그림 1.4에서 보인 특성곡선의 가파른 상승영역 중 하나의 지점을 미분하여 계산할 수 있다.

반도체 자체 저항과 외부 연결 금속 사이의 접촉저항을 무시하고, 상온(27°C)에서의 열전압($V_T = 26\ \text{mV}$)만 고려하면 다음의 값으로 근사화된다.

$$r_d \approx \frac{26\ \text{mV}}{I_D} \quad \text{(@ Q point)} \tag{1.2}$$

1.4 실험 과정

1.4.1 순방향 바이어스 영역에서 다이오드의 특성곡선 실험

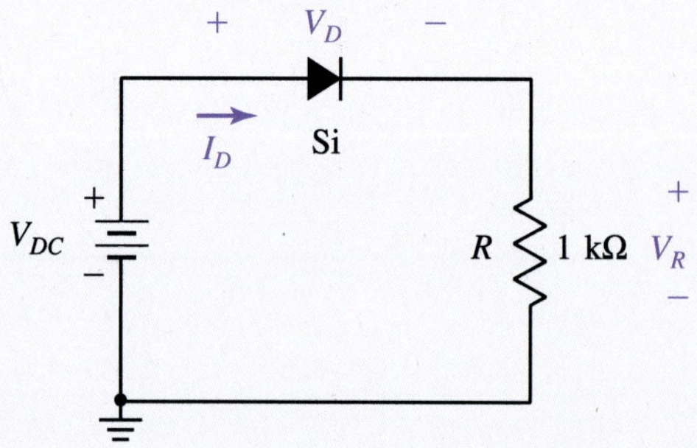

그림 1.5 PN 접합 다이오드의 순방향 바이어스 회로

1 그림 1.5의 회로를 구성하시오.

2 표 1.1에서 보인 각각의 V_R 값이 되도록 소스 전원 V_{DC}를 조정하시오.

3 각 V_R 값에 해당하는 V_D, I_D 값을 같이 측정하시오.

4 이후 I_D 값을 계산($I_D = \frac{V_R}{R}$)하고, 최종적으로 표 1.1을 완성하시오.

표 1.1 다이오드의 전압-전류 특성(@순방향 바이어스)

V_R [V]	0	0.1	0.2	0.4	0.6	0.8	1	2	4	6	8	10
V_D [mV] (측정)												
I_D [mA] (측정)												
I_D [mA] (이론)												

5 표 1.1에서 보인 I_D의 측정값과 이론값을 서로 비교하고, 두 값의 차이를 발생시키는 원인이 무엇인지 논하시오.

6 표 1.1의 측정 데이터를 이용해 그림 1.6을 완성하시오.

그림 1.6 다이오드의 전압-전류 특성(@순방향 바이어스)

1.4.2 저항레벨

1 그림 1.6에서 완성한 V_D, I_D 값을 이용해 다이오드의 직류저항(R_D)을 계산하여 표 1.2를 완성하시오.

표 1.2 다이오드의 직류저항 특성

I_D [mA]	0.3	0.5	0.7	0.9	3	5	7	9
V_D [mV]								
R_D [Ω]								

2 그림 1.6에서 완성한 I_D 값을 참고해 다이오드의 가파른 상승영역 중 몇몇 지점에서 다이오드의 교류저항($r_d \approx \dfrac{26\ \text{mV}}{I_D}$)을 계산하여 표 1.3을 완성하시오.

표 1.3 다이오드의 교류저항 특성

I_D [mA]	1	2	4	6	8	10
r_d [Ω]						

MEMO

실험 02
정류회로

2.1 실험 목표

○ 정류회로의 특성을 이해할 수 있다.

○ 반파 및 전파 정류회로의 실제적인 회로를 구성하여 출력 파형을 완성하고 이론과 비교할 수 있다.

2.2 필요 장비 및 부품

- 디지털 멀티미터(Digital Multimeter)
- 직류 전력 공급기(DC Power Supply)
- 함수 발생기(Function Generator)
- 오실로스코프(Oscilloscope)
- 저항(Resistor): 2 kΩ
- 1N4xxx 범용 다이오드(Diode)
- 브레드보드(Breadboard)

2.3 이론 요약

2.3.1 정류 기본 특성

그림 2.1에 보인 바와 같이 정류(rectification)는 순수한 AC 성분만으로 존재하는 정현파로부터 DC 성분만을 추출하는 일련의 과정이다.

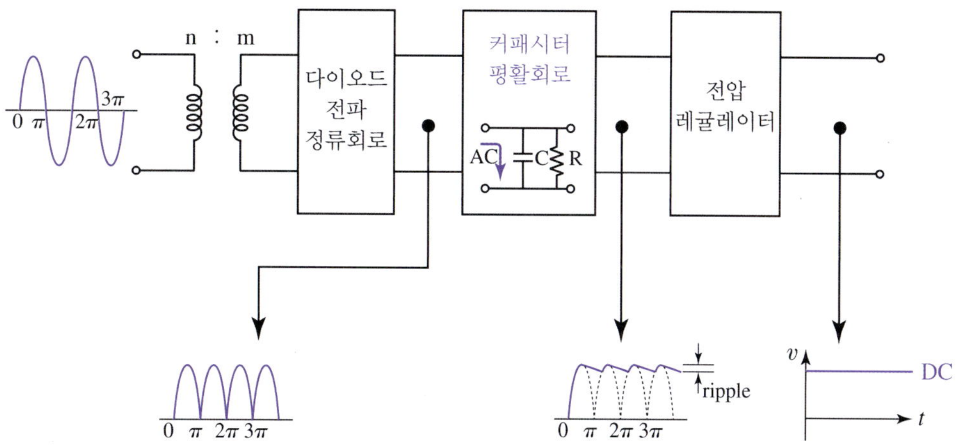

그림 2.1 전체 정류 과정

하나의 다이오드를 사용하는 반파 정류회로에서 얻어지는 등가 DC 전압은 이론적으로 첨두 전압 v_m(v_{max} 또는 v_{min})의 약 31.8%인 평균값을 갖는다.

$$V_{DC} = 0.318\, v_m \tag{2.1}$$

전파 정류회로에서 얻어지는 등가 DC 전압은 반파 정류회로에서 얻어지는 DC 전압의 두 배가 된다.

$$V_{DC} = 0.636\, v_m \tag{2.2}$$

본 실험에서는 그림 2.1에서 보인 전체 정류 과정에서 커패시터 평활회로 전 단인 다이오드 정류회로의 출력 파형 추출을 목표로 한다.

2.3.2 반파 정류회로

그림 2.2(a)의 정현파 입력 신호가 다이오드와 저항이 직렬로 구성된 회로에 연결되어 있다.

주기별 회로 해석은 그림 2.2(b)와 같다.

입력 신호의 양의 반주기 동안은 다이오드에 +0.7 V(근삿값) 이상의 전압이 걸리면 전류가 흐르기 시작하고 출력단자에는 입력 신호 파형에서 0.7 V가 감소된 전압파형으로 출력된다. 입력 신호가 +0.7 V 미만으로 걸리면 다이오드에 전류가 흐르지 않으며 저항에도 흐르는 전류는 없어 결과적으로 출력 전압은 0이 된다.

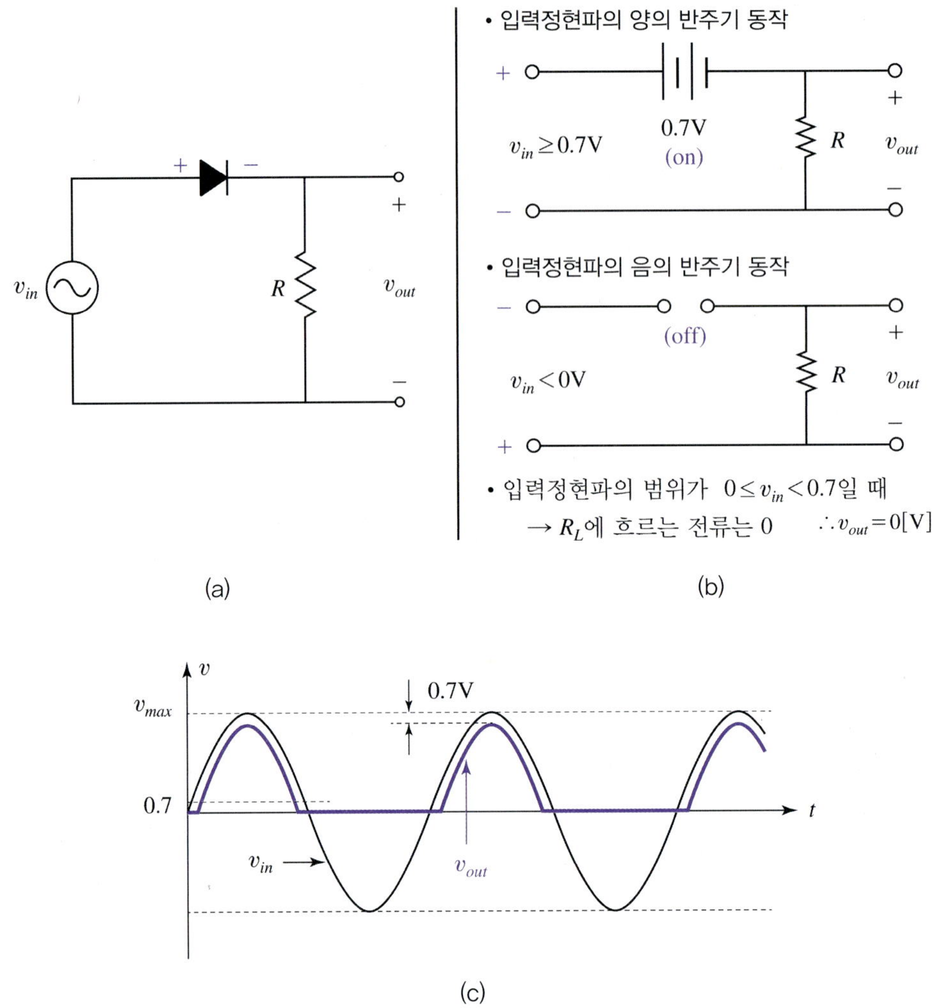

그림 2.2 양의 반주기를 출력하는 (a) 반파 정류회로의 (b) 주기별 해석과 (c) 입출력 파형

입력 신호의 음의 반주기 동안은 다이오드에 전류가 흐르지 않아 Off되므로(실제로 역방향 포화전류가 존재하나 무시) 저항 양단에 걸리는 출력 저항은 0 V가 된다.

위에서 보인 입력 신호의 양과 음의 입력 신호들의 출력 파형을 합치면 최종적으로 그림 2.2(c)처럼 양의 반주기만 통과시키는 파형으로 출력된다.

그림 2.3(a)의 정현파 입력 신호가 다이오드와 저항이 직렬로 구성된 회로에 연결되어 있다.

주기별 회로 해석은 그림 2.3(b)와 같다.

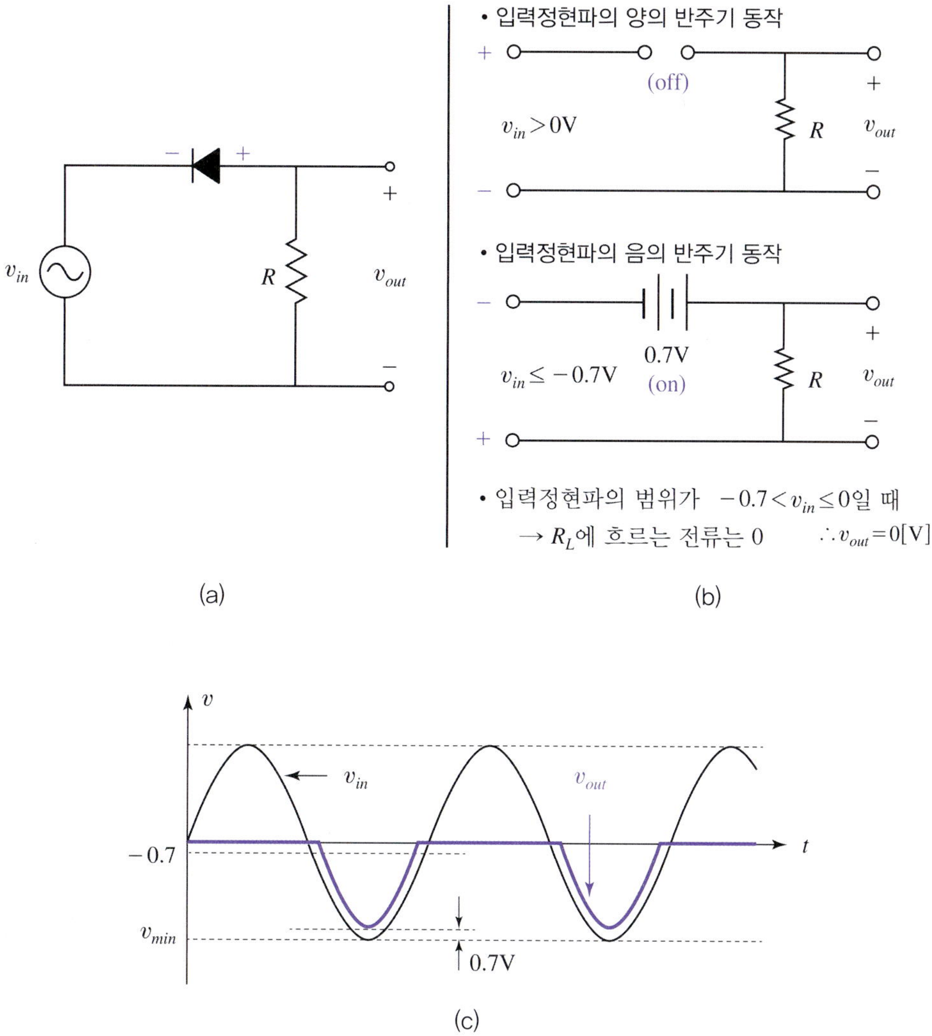

그림 2.3 음의 반주기를 출력하는 (a) 반파 정류회로의 (b) 주기별 해석과 (c) 입출력 파형

입력 신호의 음의 반주기 동안은 다이오드에 −0.7 V(근삿값) 이상의 전압이 걸리면 전류가 흐르기 시작하고 출력단자에는 입력 신호 파형에서 0.7 V가 감소된 전압파형으로 출력된다. 입력 신호가 −0.7 V 미만으로 걸리게 되면 다이오드에 전류가 흐르지 않으며 저항에도 흐르는 전류는 없어 결과적으로 출력 전압은 0이 된다.

입력 신호의 양의 반주기 동안은 다이오드에 전류가 흐르지 않아 Off되므로(실제로 역방향 포화전류가 존재하나 무시) 저항 양단에 걸리는 출력 저항은 0 V가 된다.

위에서 보인 입력 신호의 양과 음의 입력 신호들의 출력 파형을 합치면 최종적으로 그림

2.3(c)처럼 음의 반주기만 통과시키는 파형으로 출력된다.

2.3.3 브릿지 전파 정류회로

그림 2.4(a)의 정현파 입력 신호가 브릿지 형태의 다이오드들과 저항으로 구성된 회로에 연결되어 있다.

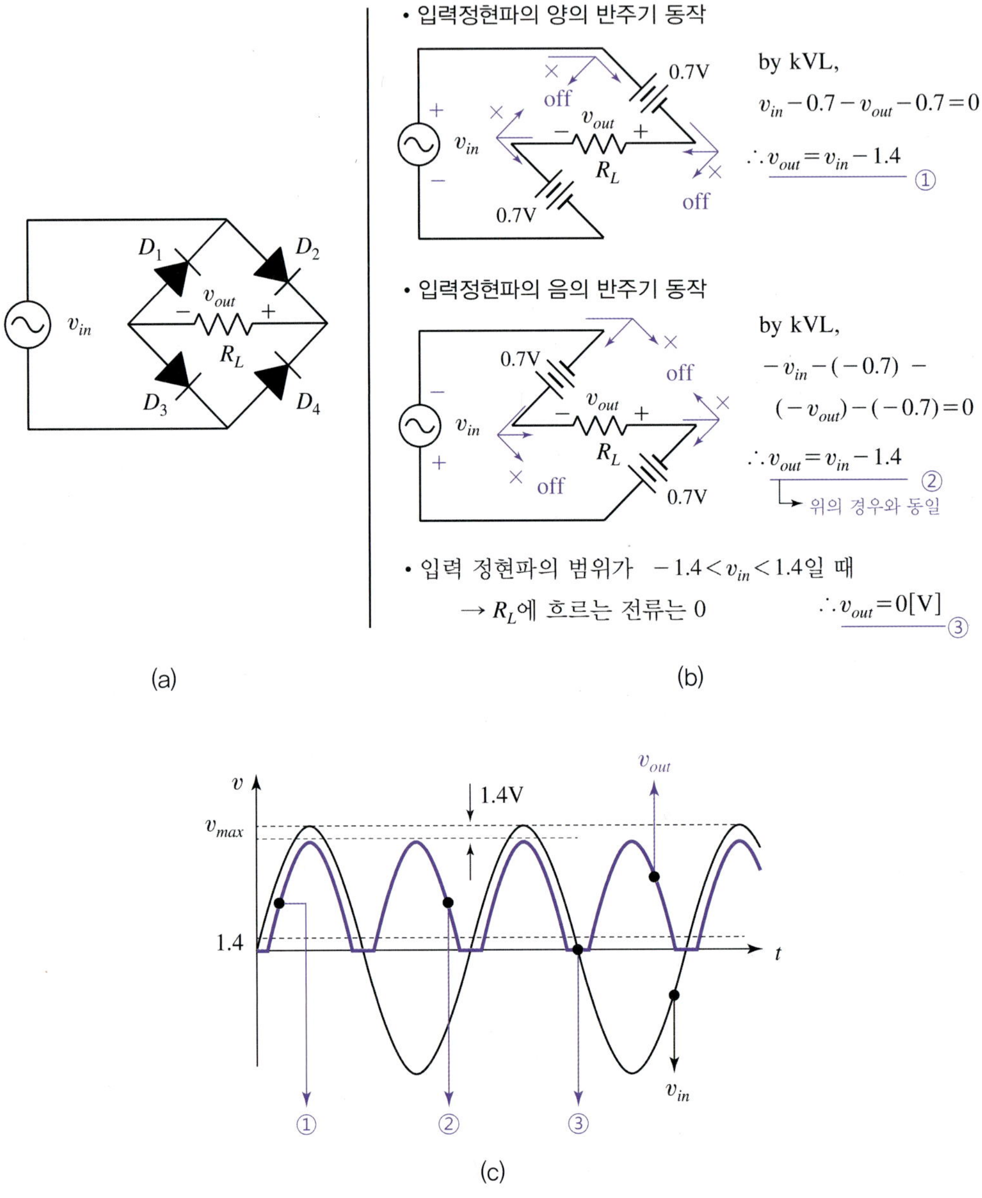

그림 2.4 (a) 브릿지 전파 정류회로의 (b) 주기별 해석과 (c) 입출력 파형

주기별 회로 해석은 그림 2.4(b)와 같다.

정현파 입력 신호를 주어진 회로에 통과시킬 때, 입력 신호의 양의 반주기 동안은 다이오드 D_2와 D_3에 각각 +0.7 V(근삿값) 이상의 전압(총 +1.4 V 이상)이 걸리면 전류가 흐르기 시작하고 전체적으로 하나의 폐회로가 구성되어 출력단자에는 입력 신호 파형에서 1.4 V가 감소된 전압파형이 출력된다.

정현파 입력 신호를 주어진 회로에 통과시킬 때, 입력 신호의 음의 반주기 동안은 다이오드 D_1와 D_4에 각각 −0.7 V(근삿값) 이상의 전압(총 −1.4 V 이상)이 걸리면 전류가 흐르기 시작하고 전체적으로 하나의 폐회로가 구성되어 출력단자에는 입력 신호 파형에서 1.4 V가 감소된 전압파형이 출력된다.

위에서 보인 양의 반주기와 음의 반주기 입력 신호들의 출력 파형을 합치면 최종적으로 그림 2.4(c)처럼 양과 음의 반주기 모두를 통과시키는 파형으로 출력된다.

이 회로의 등가 DC 전압은 $V_{DC} = 0.636\,(v_m - 1.4)$이다.

2.3.4 중심탭 전파 정류회로

그림 2.5(a)의 정현파 입력 신호가 다이오드들과 저항으로 구성된 중심탭 변압기에 연결되어 있고, 중심탭 변압기의 입력 대 출력의 턴 수는 1:2로 설정하였다.

주기별 회로 해석은 그림 2.5(b)와 같다.

정현파 입력 신호를 주어진 회로에 통과시킬 때, 입력 신호의 양의 반주기 동안은 다이오드 D_1은 +0.7 V(근삿값) 이상의 전압이 걸리면 전류가 흐르기 시작하고 전체적으로 하나의 폐회로가 구성되어 출력단자에는 입력 신호 파형에서 0.7 V가 감소된 전압파형이 출력된다. 이때 D_2는 Off되어 폐회로 구성이 되지 않아 전류가 흐르지 않는다.

정현파 입력 신호를 주어진 회로에 통과시킬 때, 입력 신호의 음의 반주기 동안은 다이오드 D_2는 −0.7 V(근삿값) 이상의 전압이 걸리면 전류가 흐르기 시작하고 전체적으로 하나의 폐회로가 구성되어 출력단자에는 입력 신호 파형에서 0.7 V가 감소된 전압파형이 출력된다. 이때 D_1은 Off되어 폐회로 구성이 되지 않아 전류가 흐르지 않는다.

위에서 보인 양의 반주기와 음의 반주기 입력 신호들의 출력 파형을 합치면 최종적으로 그림 2.5(c)처럼 양과 음의 반주기 모두를 통과시키는 파형으로 출력된다.

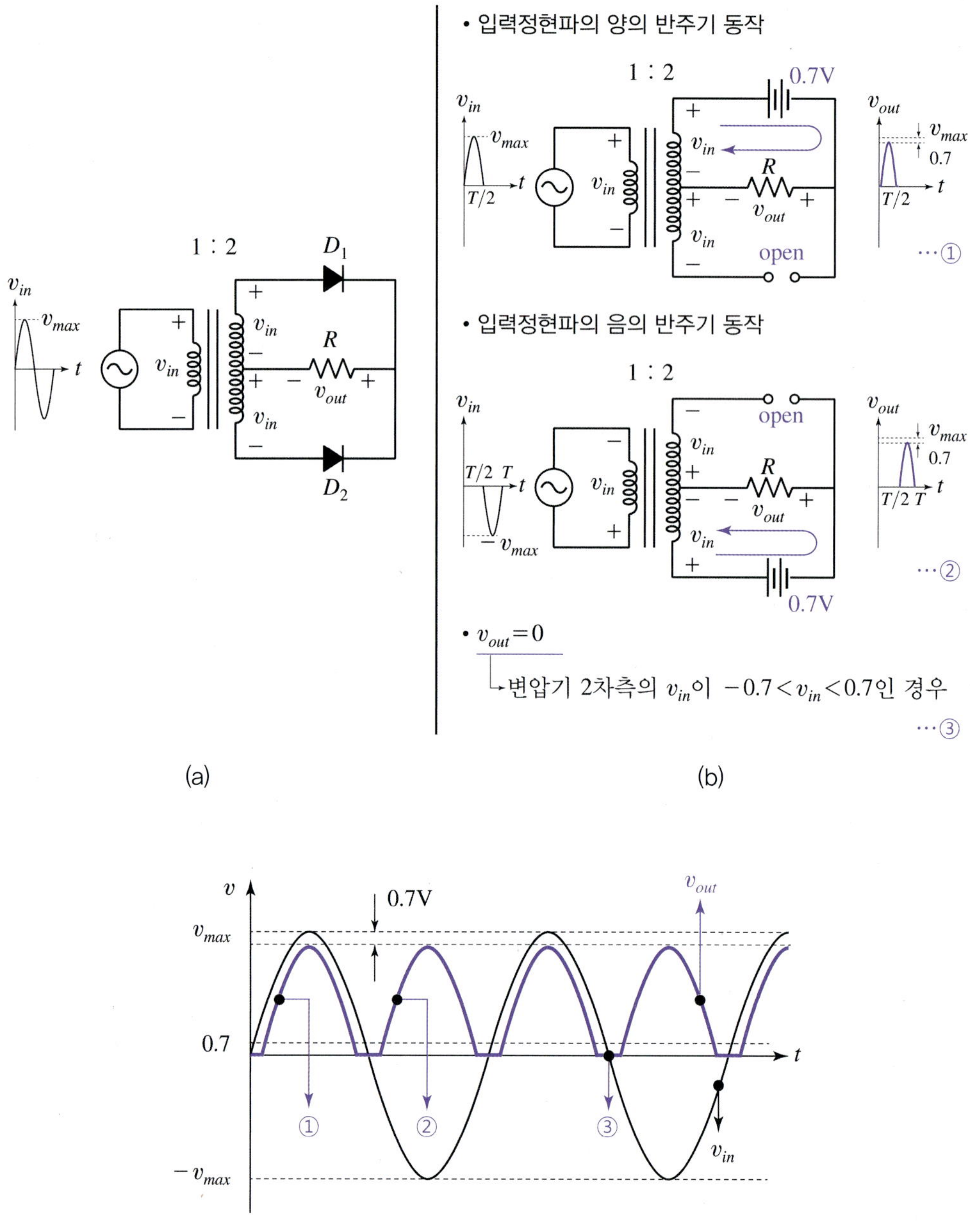

그림 2.5 (a) 중심탭 전파 정류회로의 (b) 주기별 해석과 (c) 입출력 파형

이 회로의 등가 DC 전압은 $V_{DC}=0.636(v_m-0.7)$이다.

2.4 실험 과정

2.4.1 반파 정류회로

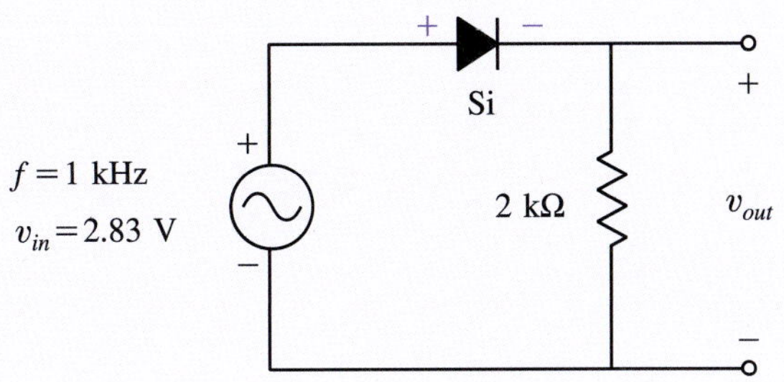

그림 2.6 반파 정류회로

1. 그림 2.6의 회로를 구성하시오.

2. 주어진 회로의 입력 전압의 조건을 만족시키기 위해 함수 발생기를 사용하고 주파수와 실효전압을 각각 1 kHz와 2.83 V로 조정하시오.

3. 오실로스코프를 이용해 한 주기 이상의 출력전압 파형을 측정하고, 이를 입력 파형과 함께 그림 2.7에 중첩해 그리시오.

그림 2.7 반파 정류회로(그림 2.6 회로)의 입력 및 출력 전압 파형

[4] 측정된 출력 첨두 전압은 얼마인가?

v_m(측정)= [V]

[5] 바로 위 과정에서 얻은 v_m 값과 식 (2.1)을 이용해 등가 DC 전압을 계산하시오.

V_{DC}(측정에 의한 계산)= [V]

[6] 디지털 멀티미터를 이용해 v_{out}의 DC 전압을 직접 측정하시오.

V_{DC}(측정)= [V]

[7] 위 과정 [5]와 [6]에서 얻은 값을 서로 비교하고, 두 값의 차이를 발생시키는 원인이 무엇인지 논하시오.

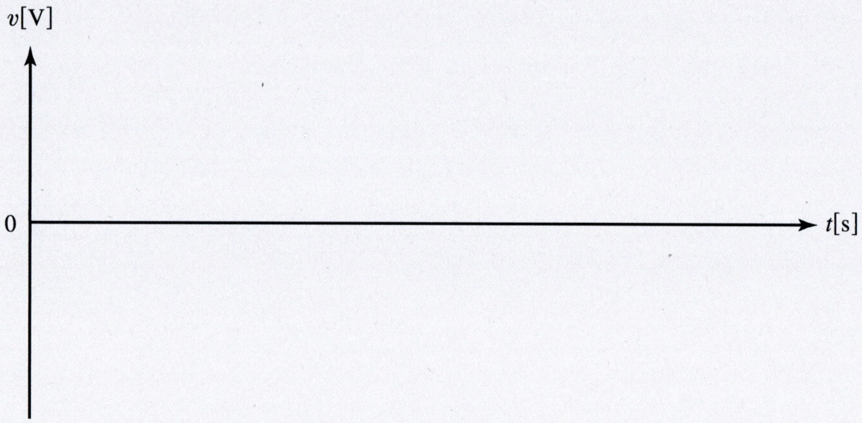

그림 2.8 반파 정류회로의 입력 및 출력 전압 파형(그림 2.6 회로와 다이오드 방향이 반대)

[8] 그림 2.6의 회로에서 다이오드의 방향을 반대로 연결하시오.

9 오실로스코프를 이용해 한 주기 이상의 출력전압 파형을 측정하고, 이를 입력 파형과 함께 그림 2.8에 중첩해 그리시오.

10 측정된 출력 첨두 전압은 얼마인가?

v_m(측정) = [V]

11 바로 위 과정에서 얻은 v_m 값과 식 (2.1)을 이용해 등가 DC 전압을 계산하시오.

V_{DC}(측정에 의한 계산) = [V]

12 디지털 멀티미터를 이용해 v_{out}의 DC 전압을 직접 측정하시오.

V_{DC}(측정) = [V]

13 위 과정 11과 12에서 얻은 값을 서로 비교하고, 두 값의 차이를 발생시키는 원인이 무엇인지 논하시오.

2.4.2 전파 정류회로

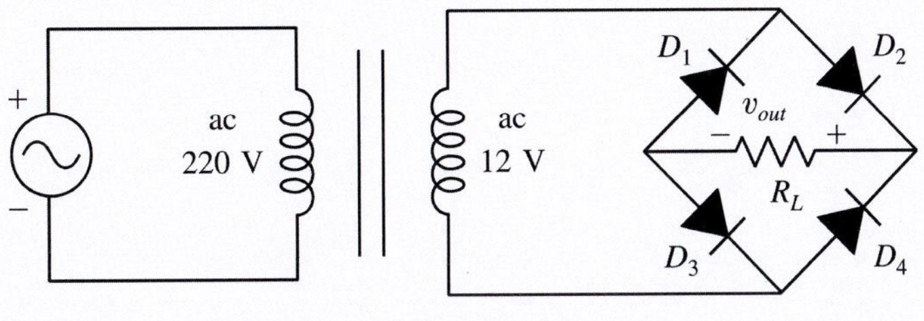

그림 2.9 브릿지 전파 정류회로

[1] 그림 2.9의 회로를 구성하시오.

[2] 오실로스코프를 이용해 한 주기 이상의 출력전압 파형을 측정하고, 이를 입력 파형과 함께 그림 2.10에 중첩해 그리시오.

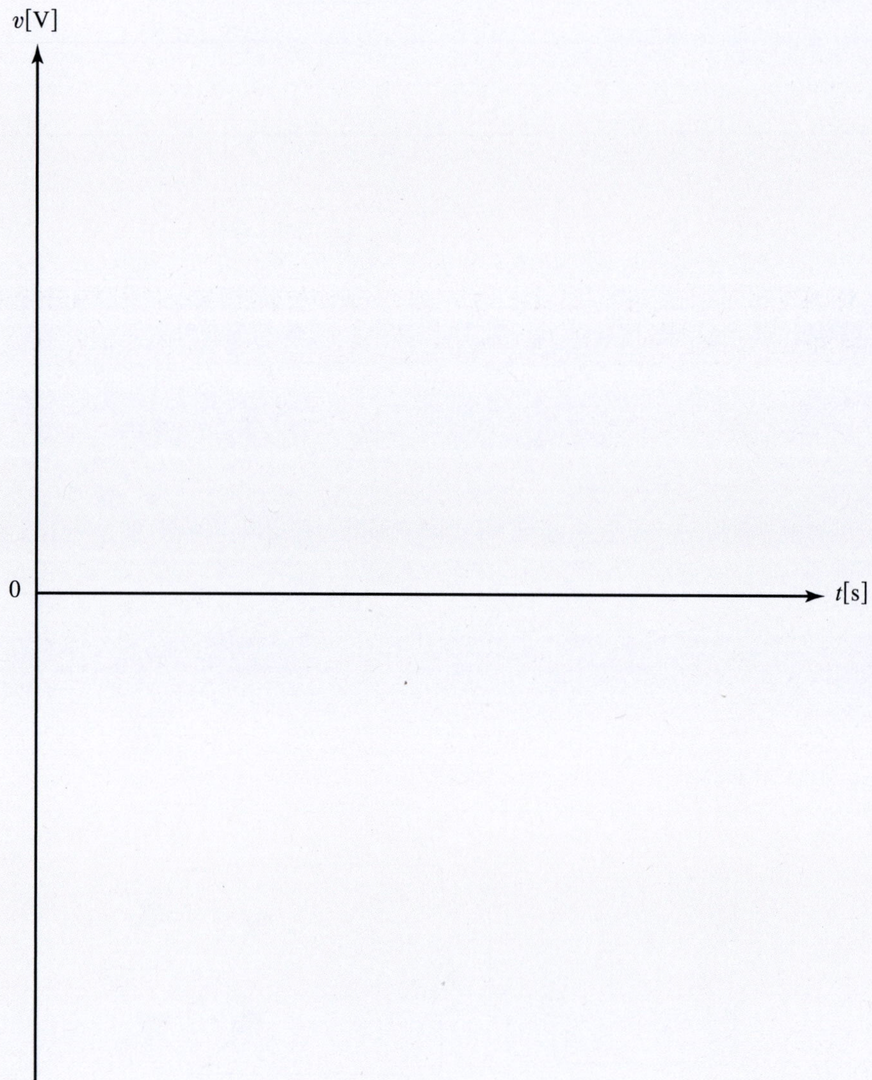

그림 2.10 전파 정류회로의 입력 및 출력 전압 파형

3 측정된 출력 첨두 전압은 얼마인가?

v_m(측정)= [V]

4 바로 위 과정에서 얻은 v_m 값과 식 (2.2)를 이용해 등가 DC 전압을 계산하시오.

V_{DC}(측정에 의한 계산)= [V]

5 디지털 멀티미터를 이용해 v_{out}의 DC 전압을 직접 측정하시오.

V_{DC}(측정)= [V]

6 위 과정 4와 5에서 얻은 값을 서로 비교하고, 두 값의 차이를 발생시키는 원인이 무엇인지 논하시오.

MEMO

실험 03
클리퍼

3.1 실험 목표

○ 클리퍼의 특성을 이해할 수 있다.

○ 직렬 및 병렬 클리퍼를 구성하여 출력 파형을 완성하고 이론과 비교할 수 있다.

3.2 필요 장비 및 부품

- 직류 전력 공급기(DC Power Supply)
- 함수 발생기(Function Generator)
- 오실로스코프(Oscilloscope)
- 저항(Resistor): 2 kΩ
- 1N4xxx 범용 다이오드(Diode)
- 브레드보드(Breadboard)

3.3 이론 요약

클리퍼(clipper)는 입력 파형의 진폭을 적당한 레벨로 제한하는 회로이다.

출력전압은 직렬 및 병렬 클리퍼의 특성과 함께 외부 전원에 의해서도 추가적인 레벨로 제한될 수 있다.

3.3.1 직렬 연결

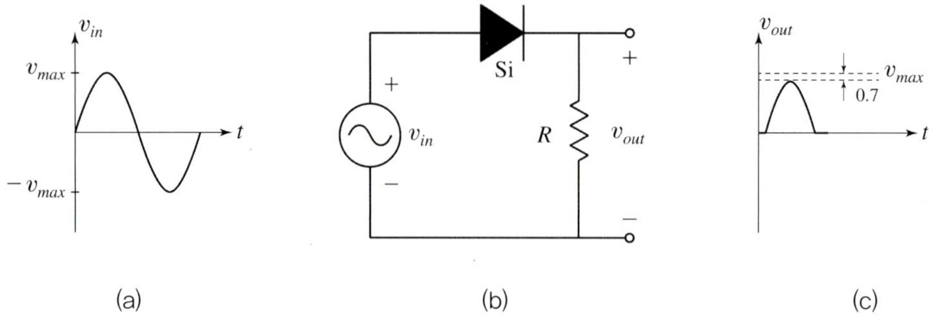

그림 3.1 (a) 입력 파형, (b) 직렬 클리퍼, (c) 출력 파형

그림 3.1(a)의 정현파 입력 신호가 그림 3.2(b)의 다이오드와 저항으로 구성된 회로에 연결되어 있고, 저항 양단에 걸린 전압을 출력전압으로 설정한다.

입력 신호의 양의 반주기 동안은 다이오드에 +0.7 V(근삿값) 이상의 전압이 걸리면 전류가 흐르기 시작하고 출력단자에는 입력 신호 파형에서 0.7 V가 감소된 전압파형으로 출력되고, 입력 신호가 +0.7 V 미만으로 걸리게 되면 다이오드에 전류가 흐르지 않으며 저항에도 흐르는 전류는 없어 결과적으로 출력 전압은 0이 된다.

입력 신호의 음의 반주기 동안은 다이오드에 전류가 흐르지 않아 Off되므로(실제로 역방향 포화전류가 존재하나 무시) 저항 양단에 걸리는 출력 저항은 0 V가 된다.

최종적으로 출력전압 파형의 최솟값은 그림 3.1(c)처럼 0 V로 제한된다.

그림 3.2는 그림 3.1에서 보인 회로의 입력 부분에 외부 DC 전원(V_{DC})이 포함된 회로이다.

그림 3.2(a)의 순수한 AC 성분만 존재하는 정현파에 DC 성분이 포함되면, 그림 3.2(b)의 전체 입력 신호(점선 부분)는 V_{DC} 레벨 기준(평균)에서 AC 신호가 입력되는 것으로 해석 가능하며, 전체적으로 입력 신호의 양의 구간이 음의 구간보다 더 증가된 시간영역 특성을 가진다.

그림 3.2(b)의 전체 입력 신호(점선 부분)의 양의 반주기 동안은 다이오드에 +0.7 V(근삿값) 이상의 전압이 걸리면 전류가 흐르기 시작하고 출력단자에는 입력 신호 파형에서 0.7 V가 감소된 전압파형으로 출력되고, 입력 신호가 +0.7 V 미만으로 걸리게 되면 다이오

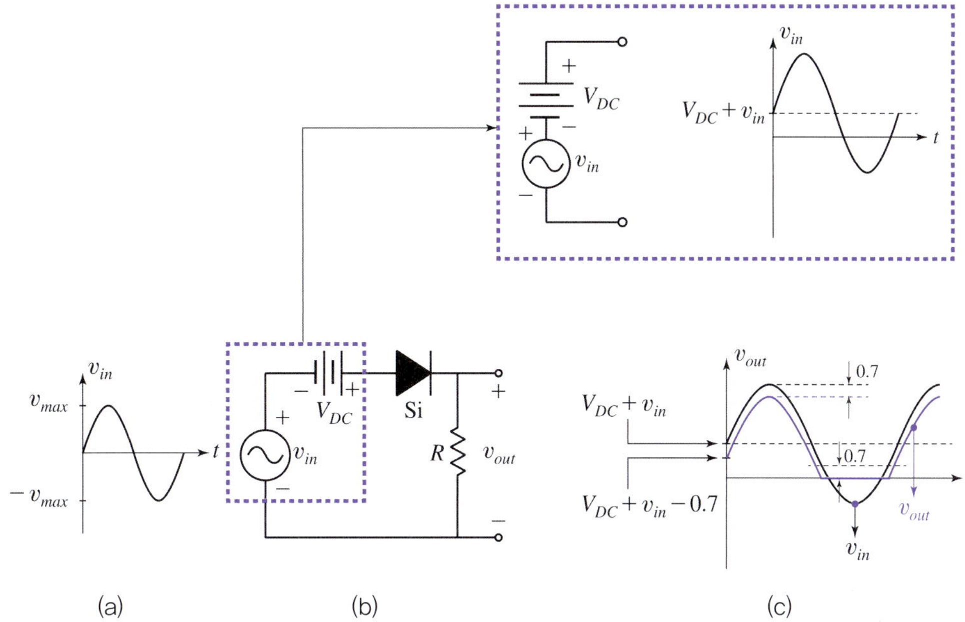

그림 3.2 (a) 입력 파형, (b) 외부 DC 전원(V_{DC})이 포함된 직렬 클리퍼, (c) 출력 파형

오드에 전류가 흐르지 않으며 저항에도 흐르는 전류는 없어 결과적으로 출력 전압은 0이 된다.

입력 신호의 음의 반주기 동안은 다이오드에 전류가 흐르지 않아 Off되므로(실제로 역방향 포화전류가 존재하나 무시) 저항 양단에 걸리는 출력 저항은 0 V가 된다.

최종적으로 출력전압 파형의 최솟값은 그림 3.2(c)처럼 0 V로 제한된다.

3.3.2 병렬 연결

그림 3.3(a)의 정현파 입력 신호가 그림 3.3(b)의 저항과 다이오드로 구성된 회로에 연결되어 있고, 다이오드 양단에 걸린 전압을 출력전압으로 설정한다.

입력 신호의 양의 반주기 동안은 다이오드에 +0.7 V(근삿값) 이상의 전압이 걸리면 전류가 흐르기 시작하고 출력단자에는 다이오드 양단에 걸리는 +0.7 V만 출력되며, 입력 신호가 +0.7 V 미만으로 걸리면 다이오드에는 전류가 흐르지 않아 Off되므로(실제로 역방향 포화전류가 존재하나 무시) 입력 파형이 출력단으로 그대로 출력된다.

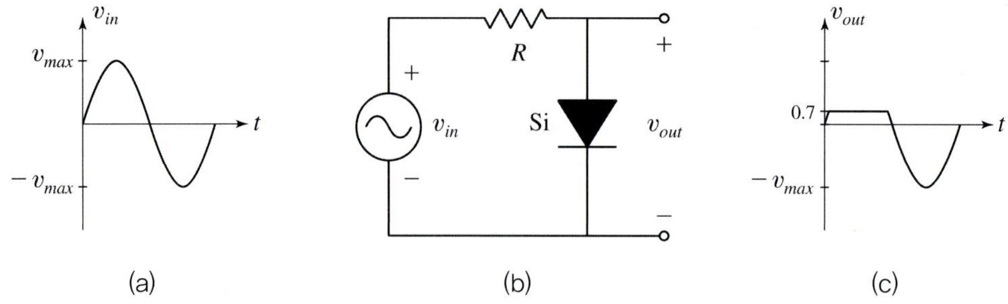

그림 3.3 (a) 입력 파형, (b) 병렬 클리퍼, (c) 출력 파형

입력 신호의 음의 반주기 동안은 다이오드에 전류가 흐르지 않아 Off되므로(실제로 역방향 포화전류가 존재하나 무시) 입력 파형이 출력단으로 그대로 출력된다.

최종적으로 출력전압 파형의 최댓값은 그림 3.3(c)처럼 0.7 V로 제한된다.

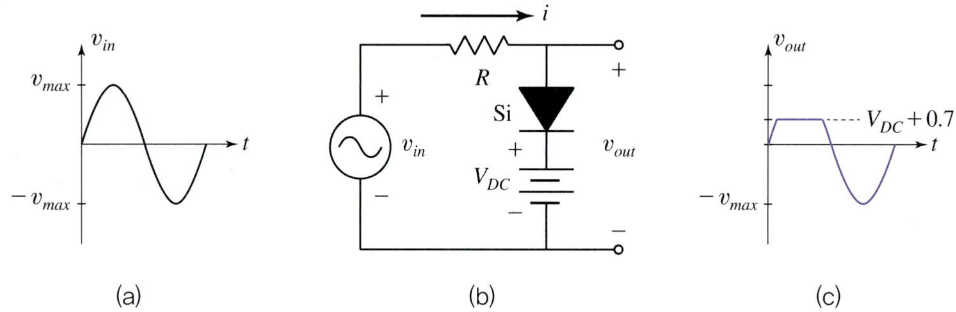

그림 3.4 (a) 입력 파형, (b) 외부 DC 전원(V_{DC})이 포함된 병렬 클리퍼, (c) 출력 파형

그림 3.4(a)의 정현파 입력 신호가 그림 3.4(b)의 저항, 다이오드, 그리고 외부 DC 전원으로 구성된 회로에 연결되어 있고, 다이오드와 외부 DC 전원을 포함하는 회로의 양단에 걸린 전압을 출력전압으로 설정한다.

입력 신호의 양의 반주기 중 다이오드에 +0.7 V(근삿값) 이상의 전압이 걸리는 시간 동안에는 전류가 흐르기 시작하고 출력단자에는 다이오드 양단에 걸리는 +0.7 V와 V_{DC}가 합쳐진 값으로만 출력되며, 다이오드에 +0.7 V 미만으로 걸리는 시간 동안은 다이오드가 Off되어 입력 파형이 출력단으로 그대로 출력된다.

입력 신호의 음의 반주기 동안은 다이오드는 Off되어 입력 파형이 출력단으로 그대로 출력된다.

최종적으로 입력 신호의 양의 반주기 중 다이오드에 +0.7 V(근삿값) 이상의 전압이 걸리는 시간 동안에는 출력전압 파형의 최댓값은 그림 3.4(c)처럼 $0.7+V_{DC}$로 제한된다.

3.4 실험 과정

3.4.1 직렬 연결

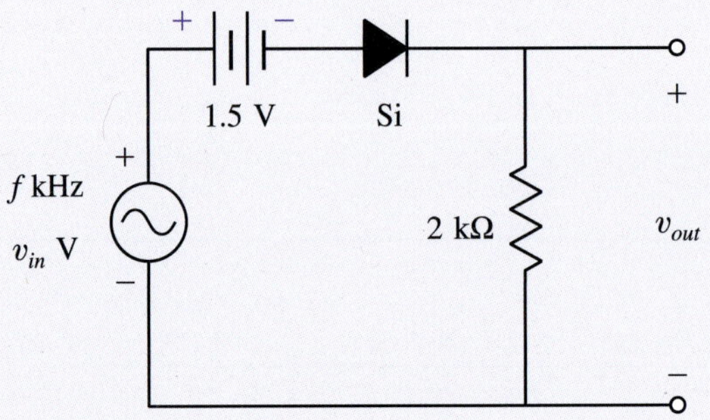

그림 3.5 직렬 연결 클리퍼

1 그림 3.5의 회로를 구성하시오.

2 함수 발생기의 출력을 정현파로 조정하고, 주파수와 v_{p_p}를 각각 1 kHz와 8 V로 조정하시오.

3 키르히호프의 전압법칙(KVL)을 이용해 입력 신호의 양과 음의 반주기 시간 간격에서 이론적으로 계산되는 각각의 출력 첨두 전압은 얼마인가?

v_m(이론, 양의 반주기) = [V]

v_m(이론, 음의 반주기) = [V]

4 오실로스코프를 이용해 한 주기 이상의 출력전압 파형을 측정하고, 이를 입력 파형과 함께 그림 3.6에 중첩해 그리시오.

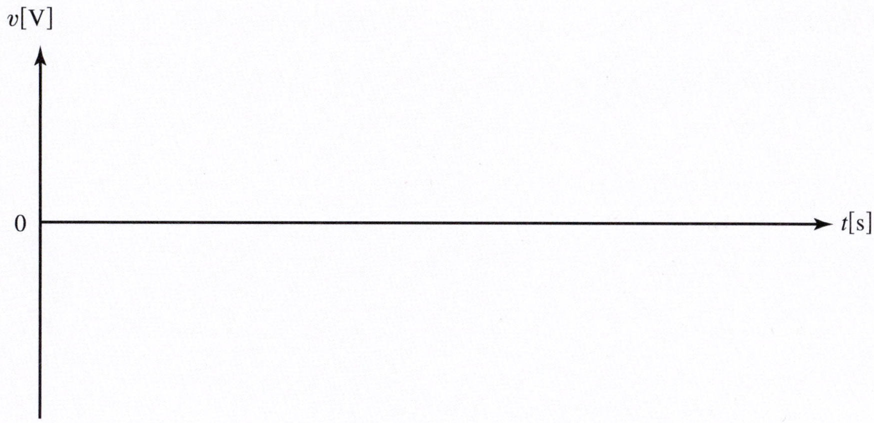

그림 3.6 직렬 연결 클리퍼의 입력 및 출력 전압 파형

5 그림 3.6으로부터, 입력 신호의 양과 음의 반주기 시간 간격에서 측정된 각각의 출력 첨두 전압은 얼마인가?

v_m(측정, 양의 반주기) = [V]

v_m(측정, 음의 반주기) = [V]

6 그림 3.5의 회로에서 외부 DC 전원(1.5 V)의 방향을 반대로 하여 회로를 구성하시오.

7 키르히호프의 전압법칙(KVL)을 이용해 입력 신호의 양과 음의 반주기 시간 간격에서 이론적으로 계산되는 각각의 출력 첨두 전압은 얼마인가?

v_m(이론, 양의 반주기) = [V]

v_m(이론, 음의 반주기) = [V]

8 오실로스코프를 이용해 한 주기 이상의 출력전압 파형을 측정하고, 이를 그림 3.7에 자세히 그리시오.

그림 3.7 직렬 연결 클리퍼의 입력 및 출력 전압 파형(그림 3.5와 외부 DC 전원(1.5 V) 방향이 반대)

[9] 그림 3.7로부터 입력 신호의 양과 음의 반주기 시간 간격에서 측정된 각각의 출력 첨두 전압은 얼마인가?

v_m(측정, 양의 반주기) = [V]

v_m(측정, 음의 반주기) = [V]

[10] 위 과정 [3]과 [5]에서 얻은 값을 서로 비교하고, 위 과정 [7]과 [9]에서 얻은 값도 서로 비교한 뒤, 각각의 이론값과 측정값의 차이를 발생시키는 원인이 무엇인지 논하시오.

3.4.2 병렬 연결 1

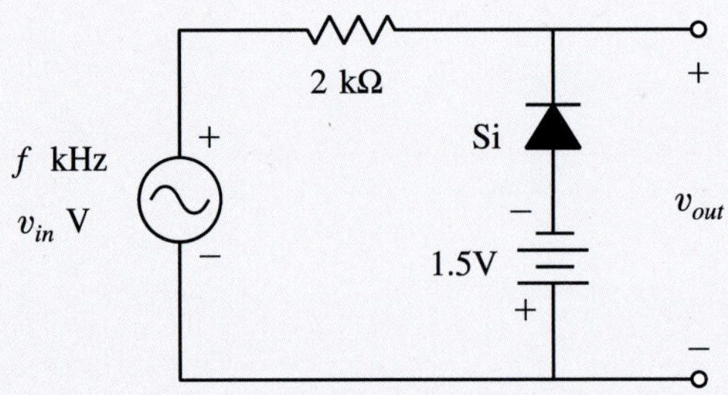

그림 3.8 병렬 연결 클리퍼

1 그림 3.8의 회로를 구성하시오.

2 함수 발생기의 출력을 정현파로 조정하고, 주파수와 v_{p_p}를 각각 1 kHz와 8 V로 조정하시오.

3 키르히호프의 전압법칙(KVL)을 이용해 입력 신호의 양과 음의 반주기 시간 간격에서 이론적으로 계산되는 각각의 출력 첨두 전압은 얼마인가?

v_m(이론, 양의 반주기) = [V]

v_m(이론, 음의 반주기) = [V]

4 오실로스코프를 이용해 한 주기 이상의 출력전압 파형을 측정하고, 이를 그림 3.9에 자세히 그리시오.

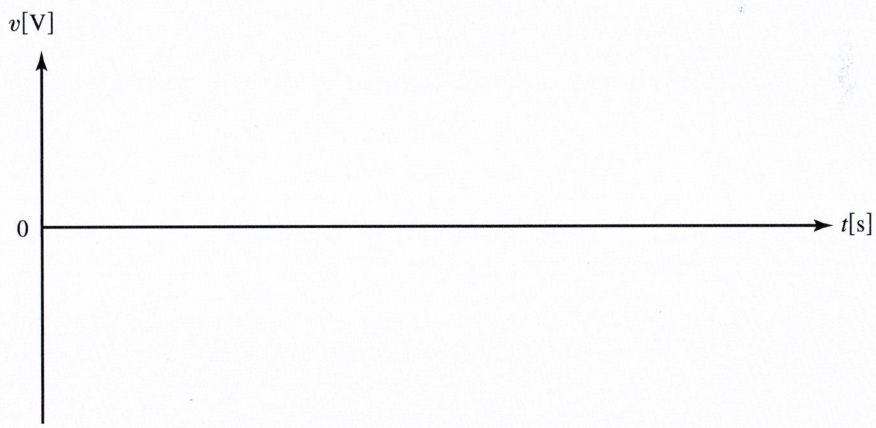

그림 3.9 병렬 연결 클리퍼의 입력 및 출력 전압 파형

5 그림 3.9로부터, 입력 신호의 양과 음의 반주기 시간 간격에서 측정된 각각의 출력 첨두 전압은 얼마인가?

v_m(측정, 양의 반주기) = [V]

v_m(측정, 음의 반주기) = [V]

6 그림 3.8의 회로에서 외부 DC 전원(1.5 V)의 방향을 반대로 하여 회로를 구성하시오.

7 키르히호프의 전압법칙(KVL)을 이용해 입력 신호의 양과 음의 반주기 시간 간격에서 이론적으로 계산되는 각각의 출력 첨두 전압은 얼마인가?

v_m(이론, 양의 반주기) = [V]

v_m(이론, 음의 반주기) = [V]

8 오실로스코프를 이용해 한 주기 이상의 출력전압 파형을 측정하고, 이를 그림 3.10에 자세히 그리시오.

그림 3.10 직렬 연결 클리퍼의 입력 및 출력 전압 파형(그림 3.8과 외부 DC 전원(1.5 V) 방향이 반대)

9 그림 3.10으로부터, 입력 신호의 양과 음의 반주기 시간 간격에서 측정된 각각의 출력 첨두 전압은 얼마인가?

v_m(측정, 양의 반주기) = [V]

v_m(측정, 음의 반주기) = [V]

10 위 과정 3과 5에서 얻은 값을 서로 비교하고, 위 과정 7과 9에서 얻은 값도 서로 비교한 뒤, 각각의 이론값과 측정값의 차이를 발생시키는 원인이 무엇인지 논하시오.

3.4.3 병렬 연결 2

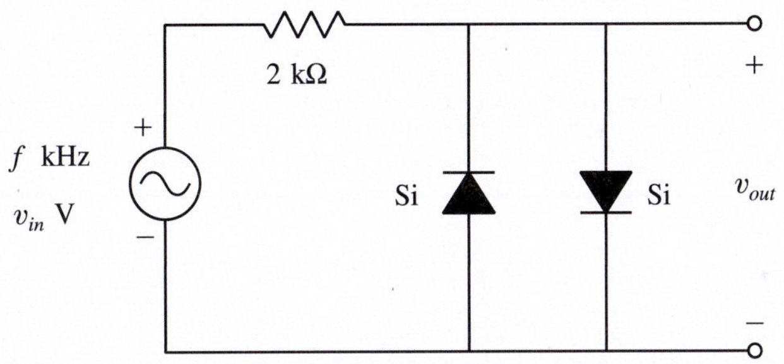

그림 3.11 병렬 연결 클리퍼

1 그림 3.11의 회로를 구성하시오.

2 함수 발생기의 출력을 정현파로 조정하고, 주파수와 v_{p_p}를 각각 1 kHz와 8 V로 조정하시오.

③ 키르히호프의 전압법칙(KVL)을 이용해 입력 신호의 양과 음의 반주기 시간 간격에서 이론적으로 계산되는 각각의 출력 첨두 전압은 얼마인가?

v_m(이론, 양의 반주기) =   [V]

v_m(이론, 음의 반주기) =   [V]

④ 오실로스코프를 이용해 한 주기 이상의 출력전압 파형을 측정하고, 이를 그림 3.12에 자세히 그리시오.

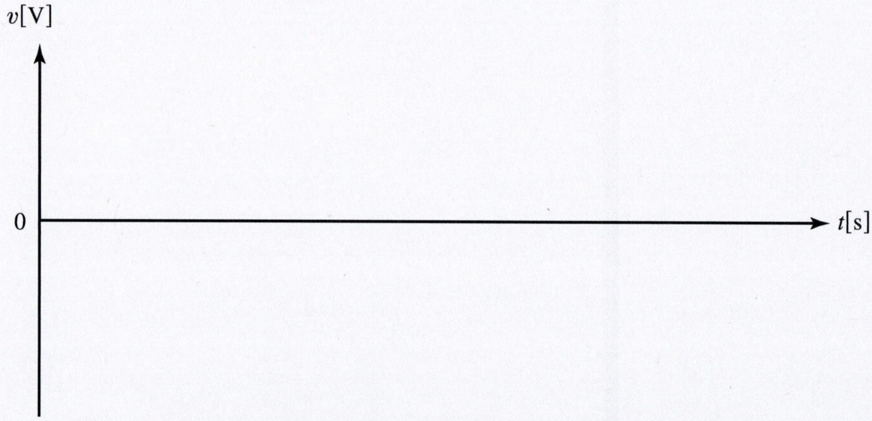

그림 3.12 병렬 연결 클리퍼의 입력 및 출력 전압 파형

⑤ 그림 3.12로부터, 입력 신호의 양과 음의 반주기 시간 간격에서 측정된 각각의 출력 첨두 전압은 얼마인가?

v_m(측정, 양의 반주기) =   [V]

v_m(측정, 음의 반주기) =   [V]

⑥ 위 과정 ③과 ⑤에서 얻은 값을 서로 비교하고, 두 값의 차이를 발생시키는 원인이 무엇인지 논하시오.

MEMO

실험 04
클램퍼

4.1 실험 목표

○ 클램퍼의 특성을 이해할 수 있다.

○ 클램퍼를 구성하여 출력 파형을 완성하고 이론과 비교할 수 있다.

4.2 필요 장비 및 부품

- 직류 전력 공급기(DC Power Supply)
- 함수 발생기(Function Generator)
- 오실로스코프(Oscilloscope)
- 저항(Resistor): 100 kΩ
- 커패시터(Capacitor): 1 μF
- 1N4xxx 범용 다이오드(Diode)
- 브레드보드(Breadboard)

4.3 이론 요약

클램퍼(clamper)는 입력 파형의 모양 변형 없이 입력 파형을 특정한 직류 레벨로 이동시켜 출력하는 회로이다.

클램퍼는 회로 내에 커패시터를 반드시 포함하고 있다.

4.3.1 클램퍼

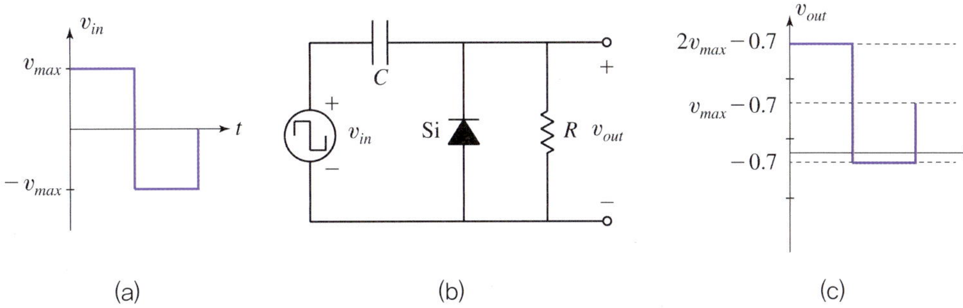

그림 4.1 (a) 입력 파형, (b) 클램퍼, (c) 출력 파형

그림 4.1(a)의 구형파 입력 신호가 그림 4.1(b)의 커패시터, 다이오드, 저항으로 구성된 회로에 연결되어 있고, 저항 양단에 걸린 전압을 출력전압으로 설정한다.

입력 신호가 음의 반주기 동안에는 $v_{in} = -v_{max}$ 이므로 다이오드에 전류가 흐르게 되어 $v_{out} = -0.7$ V이다.

이때 회로에 KVL을 적용하면, $v_{in} - v_c - v_{out} = 0$ 이고, v_c 에 충전되는 전압은 $v_c = v_{in} - v_{out} = -v_{max} - (-0.7) = -v_{max} + 0.7$ V이다.

입력 신호가 양의 반주기 동안에는 $v_{in} = v_{max}$ 이므로 다이오드에 전류가 흐르지 않아 다이오드는 Off된다.

이때 회로에 KVL을 적용하면, $v_{in} - v_c - v_{out} = 0$ 이고, 입력 전압과 위에서 구한 커패시터에 충전된 전압까지 더해져 출력단으로 전달되므로 $v_{out} = v_{max} - (-v_{max} + 0.7) = 2v_{max} - 0.7$ V가 된다.

4.3.2 외부 DC 전원(V_{DC})이 포함된 클램퍼

그림 4.2처럼 구형파 입력 신호가 커패시터, 다이오드, 외부 DC 전원(V_{DC}), 저항으로 구성된 회로에 연결되어 있고, 저항 양단에 걸린 전압을 출력전압으로 설정한다.

입력 신호가 음의 반주기 동안에 $v_{in} = -v_{max}$ 이고, 다이오드는 On되어 $v_{out} = -V_{DC} - 0.7$ V 이다.

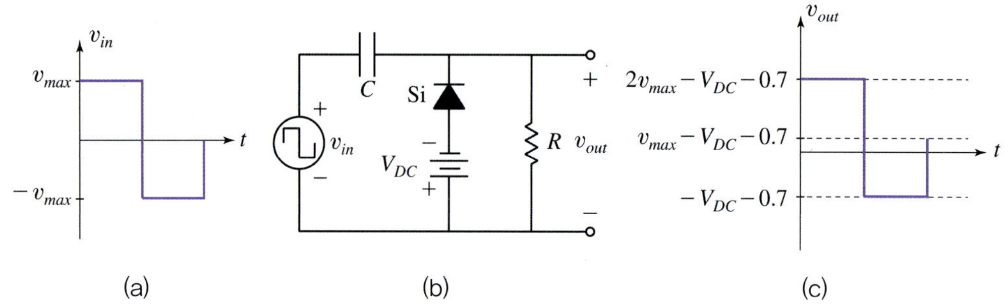

그림 4.2 (a) 입력 파형, (b) 외부 DC 전원(V_{DC})이 포함된 클램퍼, (c) 출력 파형

이때 회로에 KVL을 적용하면, $v_{in}-v_c-v_{out}=0$ 이고, v_c에 충전되는 전압은 $v_c=v_{in}-v_{out}=-v_{max}-(-V_{DC}-0.7)=-v_{max}+V_{DC}+0.7$ V이다.

입력 신호가 양의 반주기 동안에는 $v_{in}=v_{max}$ 이고, 다이오드는 Off된다.

이때 회로에 KVL을 적용하면, $v_{in}-v_c-v_{out}=0$ 이고, 입력 전압과 위에서 구한 커패시터에 충전된 전압까지 더해져 출력단으로 전달되므로 $v_{out}=v_{max}-(-v_{max}+V_{DC}+0.7)=2v_{max}-V_{DC}-0.7$ V이다.

4.4 실험 과정

4.4.1 클램퍼

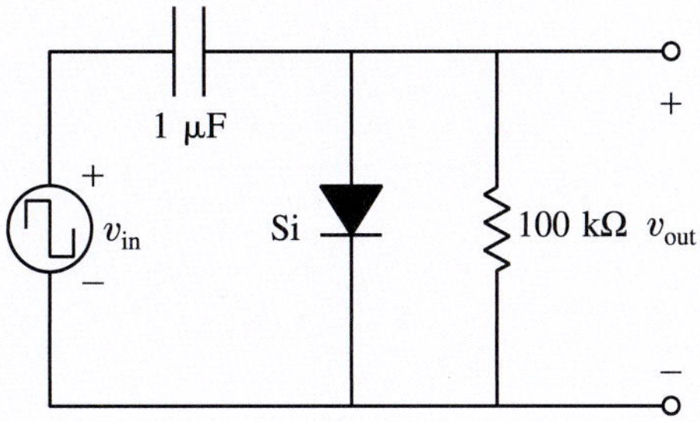

그림 4.3 클램퍼

1 그림 4.3의 회로를 구성하시오.

2 함수 발생기의 출력을 구형파로 조정하고, 주파수와 v_{p_p}를 각각 1 kHz와 8 V로 조정하시오.

3 키르히호프의 전압법칙(KVL)을 이용해 입력 신호의 양과 음의 반주기 시간 간격에서 이론적으로 계산되는 각각의 출력 첨두 전압은 얼마인가?

v_m(이론, 양의 반주기) = [V]

v_m(이론, 음의 반주기) = [V]

4 오실로스코프를 이용해 한 주기 이상의 출력전압 파형을 측정하고, 이를 입력 파형과 함께 그림 4.4에 중첩해 그리시오.

그림 4.4 클램퍼의 입력 및 출력 전압 파형

5 그림 4.4로부터, 입력 신호의 양과 음의 반주기 시간 간격에서 측정된 각각의 출력 첨두 전압은 얼마인가?

v_m(측정, 양의 반주기) = [V]

v_m(측정, 음의 반주기) = [V]

6 그림 4.3의 회로에서 다이오드의 방향을 반대로 하여 회로를 구성하시오.

7 키르히호프의 전압법칙(KVL)을 이용해 입력 신호의 양과 음의 반주기 시간 간격에서 이론적으로 계산되는 각각의 출력 첨두 전압은 얼마인가?

v_m(이론, 양의 반주기) = [V]

v_m(이론, 음의 반주기) = [V]

8 오실로스코프를 이용해 한 주기 이상의 출력전압 파형을 측정하고, 이를 입력 파형과 함께 그림 4.5에 중첩해 그리시오.

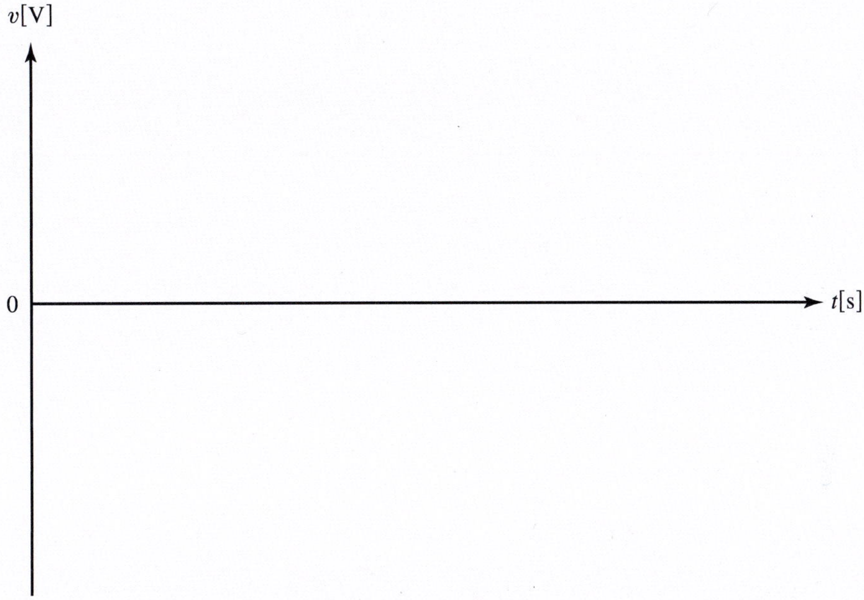

그림 4.5 클램퍼의 입력 및 출력 전압 파형(그림 4.3과 다이오드 방향이 반대)

9 그림 4.5로부터 입력 신호의 양과 음의 반주기 시간 간격에서 측정된 각각의 출력 첨두 전압은 얼마인가?

v_m(측정, 양의 반주기) = [V]

v_m(측정, 음의 반주기) = [V]

10 위 과정 3과 5에서 얻은 값을 서로 비교하고, 위 과정 7과 9에서 얻은 값도 서로 비교한 뒤, 각각의 이론값과 측정값의 차이를 발생시키는 원인이 무엇인지 논하시오.

4.4.2 외부 DC 전원(V_{DC})이 포함된 클램퍼

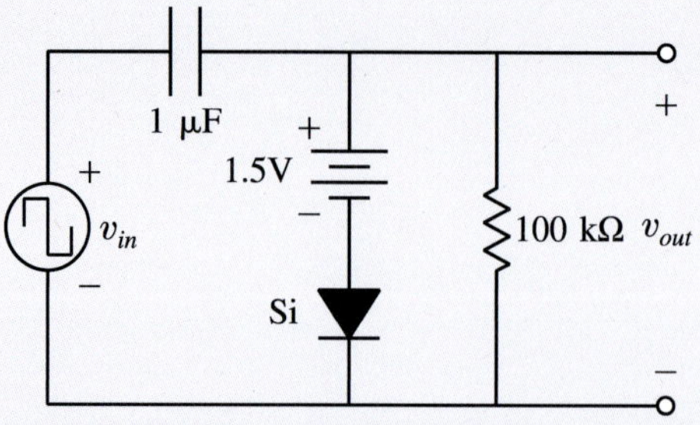

그림 4.6 외부 DC 전원(V_{DC})이 포함된 클램퍼

1 그림 4.6의 회로를 구성하시오.

2 함수 발생기의 출력을 구형파로 조정하고, 주파수와 v_{p_p} 를 각각 1 kHz와 8 V로 조정하시오.

3 키르히호프의 전압법칙(KVL)을 이용해 입력 신호의 양과 음의 반주기 시간 간격에서 이론적으로 계산되는 각각의 출력 첨두 전압은 얼마인가?

v_m(이론, 양의 반주기) = [V]

v_m(이론, 음의 반주기) = [V]

4 오실로스코프를 이용해 한 주기 이상의 출력전압 파형을 측정하고, 이를 입력 파형과 함께 그림 4.7에 중첩해 그리시오.

그림 4.7 외부 DC 전원(V_{DC})이 포함된 클램퍼의 입력 및 출력 전압 파형

[5] 그림 4.7로부터, 입력 신호의 양과 음의 반주기 시간 간격에서 측정된 각각의 출력 첨두 전압은 얼마인가?

v_m(측정, 양의 반주기) = [V]

v_m(측정, 음의 반주기) = [V]

[6] 그림 4.6의 회로에서 다이오드의 방향을 반대로 하여 회로를 구성하시오.

[7] 키르히호프의 전압법칙(KVL)을 이용해 입력 신호의 양과 음의 반주기 시간 간격에서 이론적으로 계산되는 각각의 출력 첨두 전압은 얼마인가?

v_m(이론, 양의 반주기) = [V]

v_m(이론, 음의 반주기) = [V]

8 오실로스코프를 이용해 한 주기 이상의 출력전압 파형을 측정하고, 이를 입력 파형과 함께 그림 4.8에 중첩해 그리시오.

그림 4.8 외부 DC 전원(V_{DC})이 포함된 클램퍼의 입력 및 출력 전압 파형(그림 4.6과 다이오드 방향이 반대)

9 그림 4.8로부터 입력 신호의 양과 음의 반주기 시간 간격에서 측정된 각각의 출력 첨두 전압은 얼마인가?

v_m(측정, 양의 반주기) = [V]

v_m(측정, 음의 반주기) = [V]

10 위 과정 3과 5에서 얻은 값을 서로 비교하고, 위 과정 7과 9에서 얻은 값도 서로 비교한 뒤, 각각의 이론값과 측정값의 차이를 발생시키는 원인이 무엇인지 논하시오.

MEMO

실험 05
BJT 동작 특성

5.1 실험 목표

○ BJT(Bipolar Junction Transistor, 바이폴라 접합 트랜지스터)의 컬렉터 특성곡선을 이해하고 그릴 수 있다.

○ BJT의 I_B를 구하고 동작점을 정할 수 있다.

○ BJT의 I_C, V_{CE}, β_{DC}를 구할 수 있다.

5.2 필요 장비 및 부품

● 디지털 멀티미터(Digital Multimeter)

● 직류 전력 공급기(DC Power Supply)

● 2N3904 NPN BJT 또는 등가 소자

● 저항(Resistor): 1 kΩ, 300 kΩ

● 브레드보드(Breadboard)

5.3 이론 요약

2N3904 NPN BJT의 핀 아웃

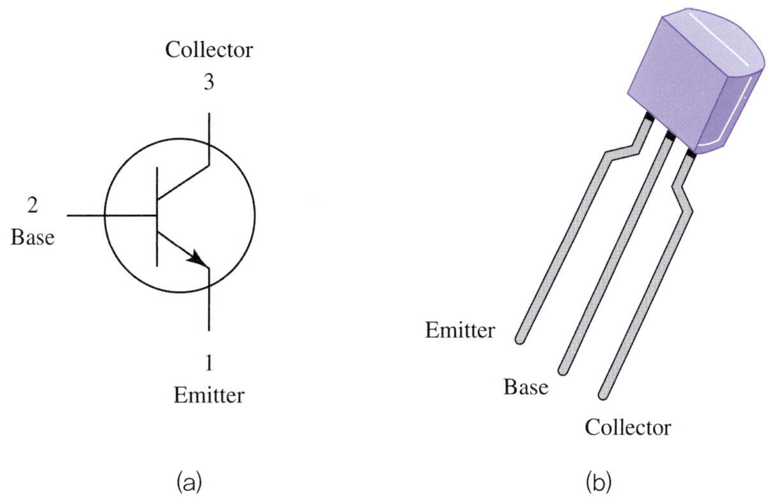

그림 5.1 (a) 2N3904 NPN BJT의 기호와 (b) 핀 아웃

베이스단과 이미터단 사이의 직류전압 $V_{BE}=0.7\ \mathrm{V}$

각 단별 전류의 관계 $I_E = I_B + I_C \simeq I_C$ (I_B는 극히 미약)

공통 베이스 회로의 전류 이득 $\alpha_{DC}=\dfrac{I_C}{I_E}=0.9\sim 0.998 \simeq 1$

공통 이미터 회로의 전류 이득 $\beta_{DC}=\dfrac{I_C}{I_B}=$ 수십 ~ 수백 ($typ.\ 50\sim 400$)

컬렉터 전류와 베이스 전류 간의 관계: $I_C = \beta_{DC} I_B$ (전류제어 방식)

5.3.1 컬렉터 특성곡선

그림 5.2(a)처럼 외부 DC 전원 V_{BB}와 직렬로 연결된 저항 R_B가 NPN BJT의 베이스단에 연결되어 전체 회로의 입력단 폐회로를 구성하고 있고, 외부 DC 전원 V_{CC}와 직렬로 연결된 저항 R_C가 NPN BJT의 컬렉터단에 연결되어 전체 회로의 출력단 폐회로를 구성하도록 설정한다.

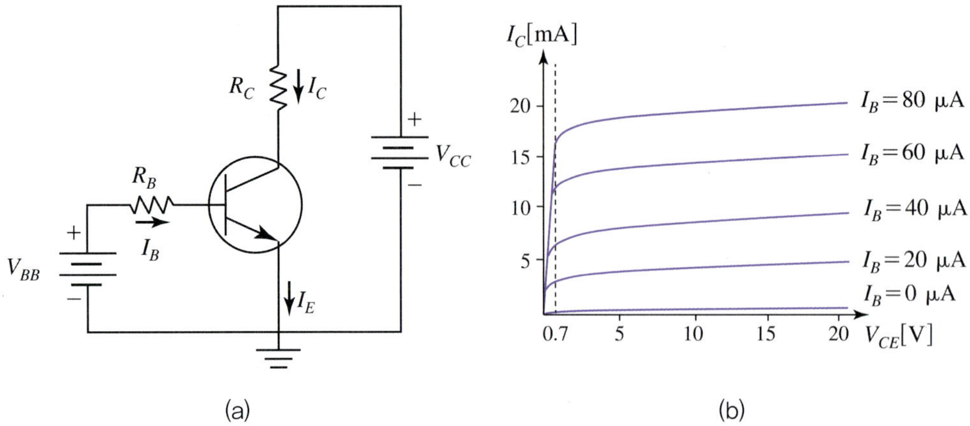

그림 5.2 (a) 공통 이미터 회로와 (b) 컬렉터 특성곡선

입력단 회로에 키르히호프의 전압법칙(KVL)을 적용하고 I_B를 계산하면,

$$I_B = \frac{V_{BB} - V_{BE}}{R_B} \tag{5.1}$$

출력단 회로에 KVL을 적용하고 I_C를 계산하면,

$$I_C = \frac{V_{CC} - V_{CE}}{R_C} \tag{5.2}$$

5.3.2 동작점

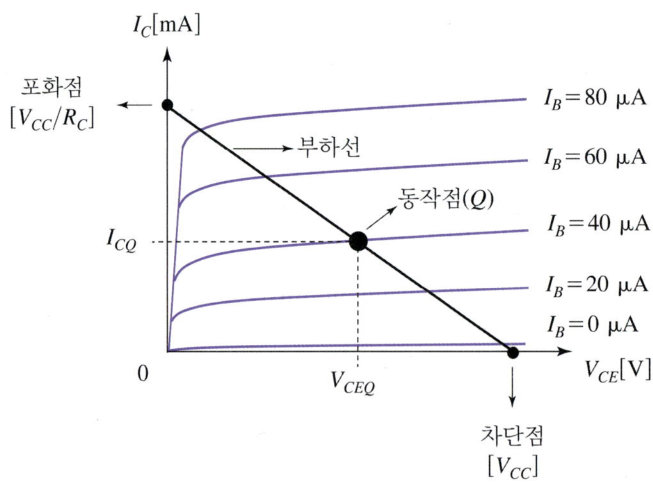

그림 5.3 동작점 설정

그림 5.3에서 보인 부하선(load-line)은 부하 측 회로의 동작 범위 내 모든 가능한 동작점들을 포함하며, 포화점과 차단점을 직선으로 연결한 선을 말한다.

소신호의 경우 선형영역 중 부하선의 중앙 근처에 동작점(quiescent point)을 위치시키면 출력 파형의 왜곡이 발생하지 않으며, 이때 컬렉터단과 이미터단에 걸리는 전압은 V_{CEQ}로, 컬렉터단에 흐르는 전류는 I_{CQ}로 각각 동작한다.

차단점 또는 포화점 근처에 동작점을 위치시키면 출력 파형의 왜곡이 발생할 수 있다.

5.4 실험 과정

5.4.1 컬렉터 특성곡선 추출

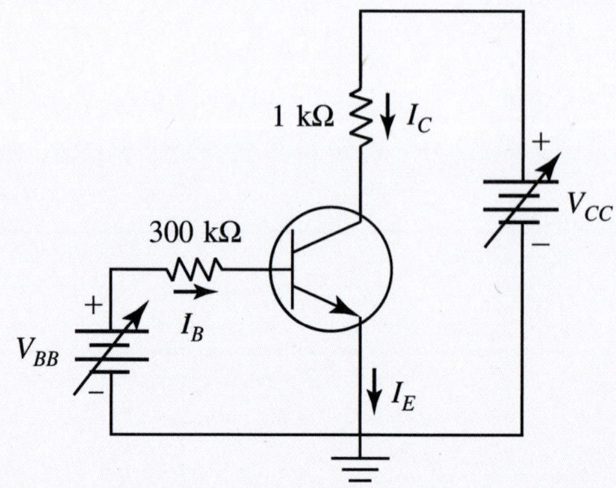

그림 5.4 BJT의 컬렉터 특성곡선 실험 회로

1 2N3904 NPN BJT의 핀 아웃을 잘 확인하고, 그림 5.4의 회로를 구성하시오.

2 V_{BB}와 V_{CC}의 값을 각각 0.7 V와 20 V로 설정하고, 식 (5.1)과 (5.2)에 의해 추출되는 V_{CE}(차단점 근방 전압)를 측정하시오.

V_{CE}(차단점 근방 전압, 측정) = [V]

3 표 5.1에 주어진 I_B의 값이 되도록 V_{BB}의 값을 0 V에서부터 서서히 증가시키며 조정하고, I_B가 주어진 값과 동일하게 측정되면 V_{BB}의 값을 고정한 뒤 이를 표 5.1에 기록하시오.

표 5.1 컬렉터 특성곡선 추출을 위한 측정 데이터

I_B [μA]	V_{BB} [V]	V_{CE} [V]	I_C [mA]	β_{DC}
1		0.1		
		0.2		
		0.3		
		0.4		
		0.5		
		1		
		5		
		10		
		15		
		19.65 근방		
20		0.1		
		0.2		
		0.3		
		0.4		
		0.5		
		1		
		5		
		10		
		14 근방		
40		0.1		
		0.2		
		0.3		
		0.4		
		0.5		
		1		
		5		
		8.6 근방		
60		0.1		
		0.2		
		0.3		
		0.4		
		0.5		
		1		
		4.5 근방		
80		0.1		
		0.2		
		0.3		
		0.4		
		0.5		
		0.84 근방		

④ V_{CC} 값을 0 V에서부터 최대 20 V까지 서서히 증가시켜며 각각의 V_{CE} 값에 해당하는 I_C 값을 측정하고 이를 표 5.1에 기록하시오.

⑤ β_{DC}의 값을 계산하고 이를 표 5.1에 기록하시오.

⑥ 나머지 I_B의 값에 대해 순서 ③~⑤를 반복하여 표 5.1을 완성하시오.

⑦ V_{CC}의 값을 20 V로 고정하고, V_{CE}의 값을 0 V에 가깝게 하기 위해 V_{BB}의 값을 24.7 V 근방으로 설정한 뒤 I_C(포화점 근방 전류)를 측정하시오.

I_C(포화점 근방 전류, 측정) = [mA]

⑧ 그림 5.2(b)를 참고하여 표 5.1의 값들을 활용해 그림 5.5의 V_{CE}에 대한 I_C 특성곡선 그래프를 완성하시오.

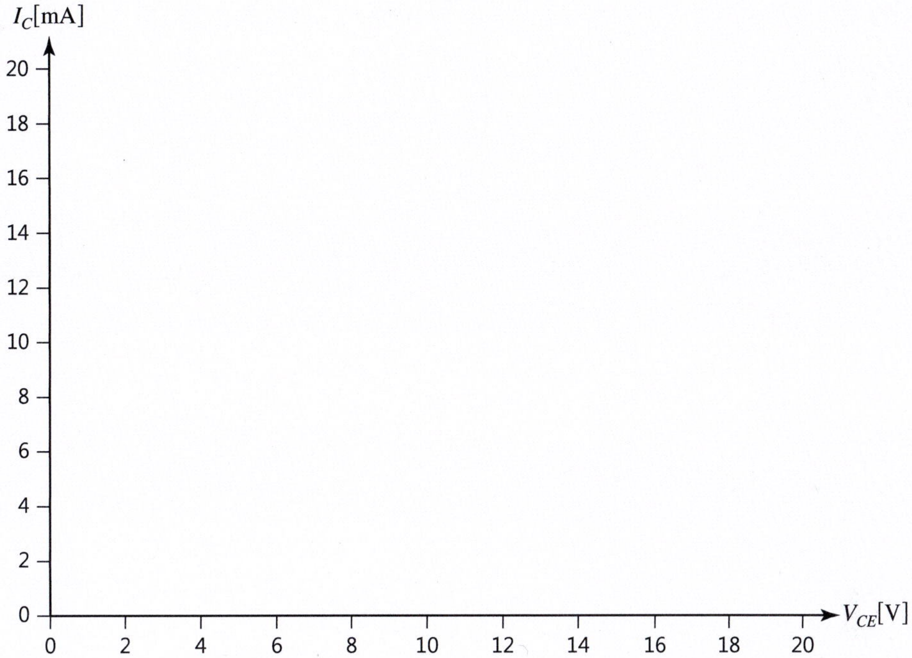

그림 5.5 BJT의 V_{CE}에 대한 I_C 특성곡선 그래프

5.4.2 동작점에 의한 V_{CEQ}와 I_{CQ} 값 추출

1 완성한 그림 5.5에 실험 과정 5.4.1의 순서 2와 7에서 얻은 차단점과 포화점을 표시하고 두 점을 잇는 직선(부하선)을 그리시오.

2 V_{CC}의 값을 20 V로 고정하고, $V_{BB}=12.7$ V일 때의 동작점 Q를 그림 5.5의 그래프상에 표시하시오.

[3] 그림 5.5의 그래프를 통해, 위 과정 [2]에서의 V_{CEQ}와 I_{CQ}에 대한 대략적인 값을 계산하시오.

V_{CEQ}(이론) = [V]

I_{CQ}(이론) = [mA]

[4] 디지털 멀티미터를 이용해 V_{CEQ}와 I_{CQ}의 값을 각각 측정하시오.

V_{CEQ}(측정) = [V]

I_{CQ}(측정) = [mA]

[5] 위 과정 [3]과 [4]의 값을 각각 비교하고, 두 값의 차이가 있다면 차이를 발생시키는 원인이 무엇인지 논하시오.

MEMO

실험 06

BJT 고정 바이어스와 이미터 바이어스

6.1 실험 목표

○ BJT의 고정 바이어스와 이미터 바이어스 회로의 특성을 이해할 수 있다.

○ 동작점 설정을 위한 실제적인 바이어스 회로를 구성할 수 있다.

6.2 필요 장비 및 부품

- 디지털 멀티미터(Digital Multimeter)
- 직류 전력 공급기(DC Power Supply)
- 2N3904 NPN BJT 또는 등가 소자
- 저항(Resistor): 2 kΩ, 1 MΩ
- 브레드보드(Breadboard)

6.3 이론 요약

6.3.1 고정 바이어스 회로

그림 6.1의 회로에서 I_B가 흐르는 loop에 KVL을 적용하면,

$$V_{CC} - I_B R_B - V_{BE} = 0$$

$$V_{CC} - \frac{I_C}{\beta_{DC}} R_B - V_{BE} = 0$$

$$\therefore\ I_C = \frac{V_{CC} - V_{BE}}{R_B} \beta_{DC} \tag{6.1}$$

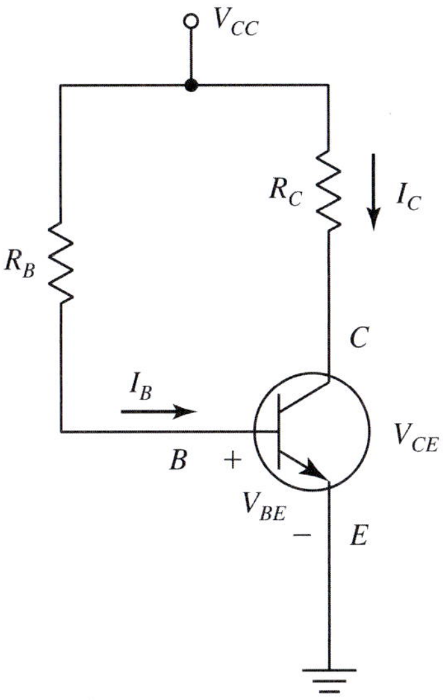

그림 6.1 BJT 고정 바이어스

그림 6.1의 회로에서 I_C가 흐르는 loop에 KVL을 적용하면,

$$V_{CE} = V_{CC} - R_C I_C \tag{6.2}$$

$$I_C = \beta_{DC} I_B$$

위의 식을 식 (6.1)에 대입하면,

$$I_B = \frac{V_{CC} - V_{BE}}{R_B} \quad \Big| \quad I_B\text{는 고정 by } R_B$$

이 바이어스는 고정적이고 매우 작은 I_B 값을 가지기 위해 일반적으로 상당히 큰 R_B 값을 실정한다.

회로 내 온도 상승이 일어나면 β_{DC} 값이 급격히 상승하고, 이로 인해 고정적인 I_B 값에도 불구하고 I_C 값은 β_{DC} 값에 비례해 상승하므로 식 (6.2)로부터 V_{CE}의 값은 대폭 하락한다.

즉, 이 회로의 온도 변화에 동작점 Q의 민감도가 매우 크기 때문에 안정화 대책이 필요하다.

6.3.2 이미터 바이어스 회로

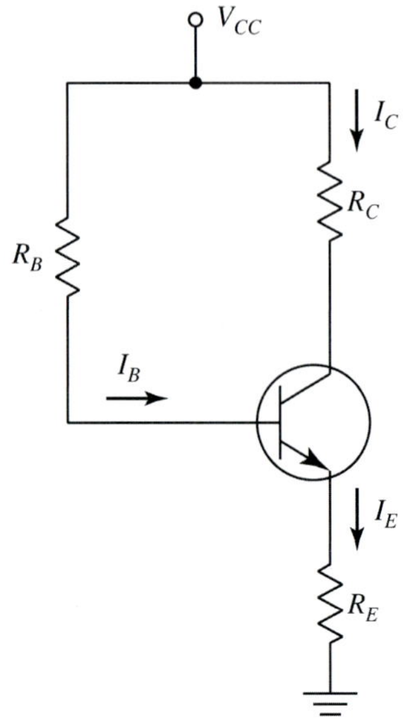

그림 6.2 BJT 이미터 바이어스

그림 6.2의 회로에서 I_B가 흐르는 loop에 KVL을 적용하면,

$$V_{CC} - I_B R_B - V_{BE} - I_E R_E = 0 \tag{6.3}$$

식 (6.3)을 I_B에 대하여 정리하면,

$$V_{CC} - I_B R_B - V_{BE} - I_B(1+\beta_{DC})R_E = 0$$

$$\therefore\ I_B = \frac{V_{CC} - V_{BE}}{R_B + (1+\beta_{DC})R_E} \tag{6.4}$$

식 (6.3)을 $I_E(\simeq I_C)$에 대하여 정리하면,

$$V_{CC} - I_B R_B - V_{BE} - I_E R_E = 0$$

$$V_{CC} - \frac{I_C}{\beta_{DC}} R_B - V_{BE} - I_E R_E = 0 \ \Big|\ I_C \simeq I_E$$

$$\left(\frac{R_B}{\beta_{DC}} + R_E\right) I_E = V_{CC} - V_{BE}$$

$$\therefore\ I_E = \frac{V_{CC} - V_{BE}}{\frac{R_B}{\beta_{DC}} + R_E} \tag{6.5}$$

그림 6.1의 회로에서 I_C가 흐르는 loop에 KVL를 적용하면,

$$V_{CE} = V_C - V_E = (V_{CC} - I_C R_C) - I_E R_E \simeq V_{CC} - I_C(R_C + R_E) \tag{6.6}$$

식 (6.4)에서 β_{DC}가 상승하면, I_B는 소폭 하락하며 이는 고정 바이어스와 차별되는 점이다.

식 (6.5)에서 β_{DC}가 상승하면, $I_C(\simeq I_E)$는 소폭 상승하고, 식 (6.6)으로부터 V_{CE}는 소폭 하락한다.

이 바이어스는 I_B 값의 소폭 변화로 인해 고정 바이어스보다 $I_C(\simeq I_E)$와 V_{CE} 값의 변화가 크지 않아 어느 정도 안정화 특성을 갖는다.

주목할 점은 β_{DC}의 변화에 따른 I_C와 V_{CE}의 변화량은 크지는 않으나 여전히 존재한다는 것이다.

6.4 실험 과정

6.4.1 고정 바이어스 회로

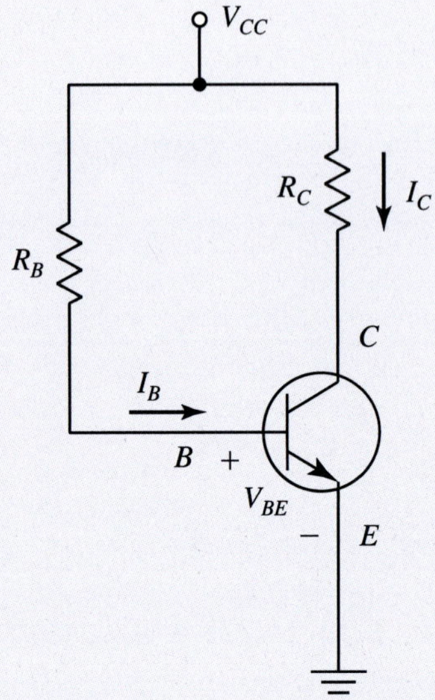

그림 6.3 BJT 고정 바이어스

[1] 그림 6.3 회로의 이론적 특성값을 구하기 위해 $R_B = 1\ \mathrm{M\Omega}$, $R_C = 2\ \mathrm{k\Omega}$, $V_{CC} = 20\ \mathrm{V}$의 값을 적용하시오.

[2] 실험 5의 실험 과정 5.4.2를 참고하여, 그림 6.3 회로의 동작점(V_{CEQ}, I_{CQ})이 부하선의 거의 중앙에 위치하도록 $V_{R_C} = 10\ \mathrm{V}$로 가정하고, 아래 식을 이용해 I_B와 I_C(즉, I_{CQ})를 계산하시오.

$$I_B = \frac{V_{R_B}}{R_B} = \frac{V_{CC} - V_{BE}}{R_B} = \frac{V_{CC} - 0.7}{R_B}$$

$$I_C = \frac{V_{R_C}}{R_C}$$

I_B(이론) = [μA]

I_C(이론) = [mA]

3 2N3904 NPN BJT의 핀 아웃을 확인한 후, 실제로 그림 6.3의 회로를 구성하고, 디지털 멀티미터를 이용해 I_B와 I_C를 직접 측정하시오.

I_B(측정) = [μA]

I_C(측정) = [mA]

4 위의 이론값과 측정값을 이용해 β_{DC}를 추출하시오.

β_{DC}(이론) =

β_{DC}(측정) =

5 위 과정 2에서 얻은 I_C 값과 식 (6.2)를 이용해 그림 6.3 회로의 V_{CE}(즉, V_{CEQ})의 값을 계산하고, 또한 디지털 멀티미터를 이용해 V_{CE}의 값을 직접 측정한 뒤 각각의 값을 기록하시오.

V_{CE}(이론) = [V]

V_{CE}(측정) = [V]

6 위의 내용을 바탕으로 표 6.1을 완성하시오.

표 6.1 BJT 고정 바이어스 회로 파라미터

회로 파라미터	이론값	측정값
I_B [μA]		
I_C [mA]		
β_{DC}		
V_{CE} [V]		

7 표 6.1에서 정리한 값을 서로 비교하고, 두 값의 차이를 발생시키는 원인에 대해 논하시오.

6.4.2 이미터 바이어스 회로

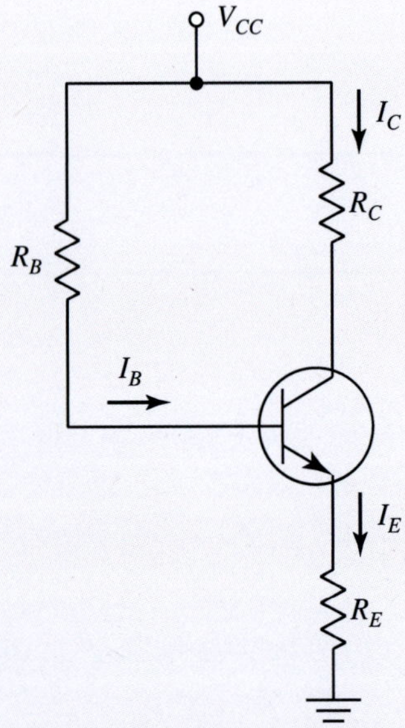

그림 6.4 BJT 이미터 바이어스

1 그림 6.4 회로의 이론적 특성값을 구하기 위해 $R_B = 1\ \text{M}\Omega$, $R_C = 2\ \text{k}\Omega$, $R_E = 2\ \text{k}\Omega$, $V_{CC} = 20\ \text{V}$의 값을 적용하시오.

2 실험 5의 실험 과정 5.4.2를 참고하여, 그림 6.4 회로의 동작점(V_{CEQ}, I_{CQ})이 부하선의 거의 중앙에 위치하도록 $V_{R_C} = V_{R_E} = 5\ \text{V}$, $V_{BE} = 0.7\ \text{V}$로 가정하고, 실험 과정 6.4.1에서 얻은 β_{DC}(이론) 값과 아래 식을 이용해 I_B와 I_C를 계산하시오.

$$I_B = \frac{V_{CC} - V_{BE}}{R_B + (1 + \beta_{DC})R_E}$$

$$I_C \simeq \frac{V_{CC} - V_{BE}}{\dfrac{R_B}{\beta_{DC}} + R_E}$$

I_B(이론) = [μA]

I_C(이론) = [mA]

3 2N3904 NPN BJT의 핀 아웃을 확인한 후, 실제로 그림 6.4의 회로를 구성하고, 디지털 멀티미터를 이용해 I_B와 I_C를 직접 측정하시오.

I_B(측정) = [μA]

I_C(측정) = [mA]

4 위의 이론값과 측정값을 이용해 β_{DC}를 추출하시오.

β_{DC}(이론) =

β_{DC}(측정) =

5 위 과정 2에서 얻은 I_C 값과 식 (6.6)을 이용해 그림 6.4 회로의 V_{CE}의 값을 계산하고, 또한 디지털 멀티미터를 이용해 V_{CE}의 값을 직접 측정한 뒤 각각의 값을 기록하시오.

V_{CE}(이론) = [V]

V_{CE}(측정) = [V]

6 위의 내용을 바탕으로 표 6.2를 완성하시오.

표 6.2 BJT 이미터 바이어스 회로 파라미터

회로 파라미터	이론값	측정값
I_B [μA]		
I_C [mA]		
β_{DC}		
V_{CE} [V]		

7 표 6.2에서 정리한 값을 서로 비교하고, 두 값의 차이를 발생시키는 원인에 대해 논하시오.

MEMO

실험 07

BJT 전압 분배 바이어스와 귀환 바이어스

7.1 실험 목표

○ BJT의 전압 분배 바이어스와 귀환 바이어스 회로의 특성을 이해할 수 있다.

○ 동작점 설정을 위한 실제적인 바이어스 회로를 구성할 수 있다.

7.2 필요 장비 및 부품

- 디지털 멀티미터(Digital Multimeter)
- 직류 전력 공급기(DC Power Supply)
- 2N3904 NPN BJT 또는 등가 소자
- 저항(Resistor): 500 Ω, 2 kΩ, 3 kΩ, 20 kΩ, 1 MΩ
- 브레드보드(Breadboard)

7.3 이론 요약

7.3.1 전압 분배 바이어스 회로

그림 7.1의 회로를 테브난 등가 회로로 나타내기 위해 E_{th}와 R_{th}를 각각 구해 보면 그림 7.2(a)와 7.2(b)로 나타낼 수 있고, 여기서

$$R_{th} = R_1 \parallel R_2 \tag{7.1}$$

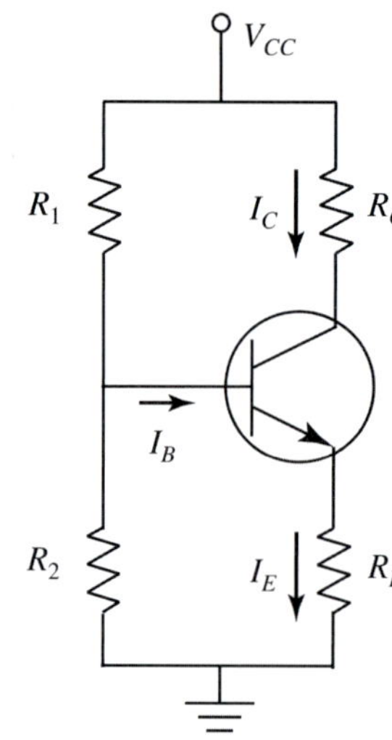

그림 7.1 I_B를 고려한 BJT 전압 분배 바이어스

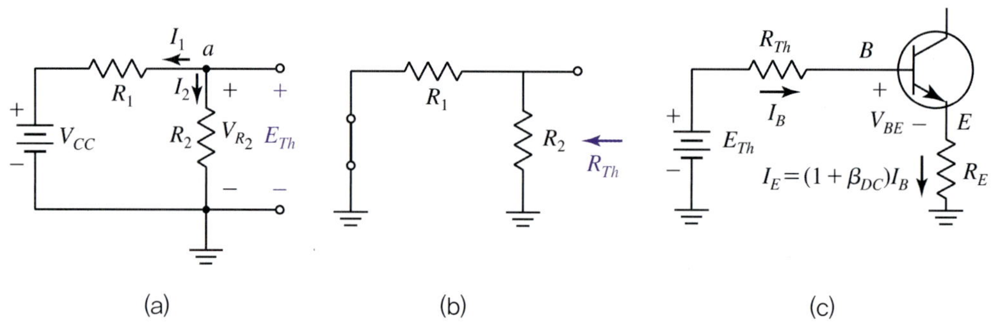

그림 7.2 I_B를 고려한 BJT 전압 분배 바이어스의 (a) 테브난 등가전압, (b) 등가저항, (c) 최종 테브난 회로

그림 7.2(a)의 node a에서

$$I_1 + I_2 = 0$$

$$I_1 = \frac{E_{th} - V_{CC}}{R_1}$$

$$I_2 = \frac{E_{th}}{R_2}$$

$$\therefore \frac{E_{th} - V_{CC}}{R_1} + \frac{E_{th}}{R_2} = 0$$

$$\therefore \frac{R_2 E_{th} - V_{CC} R_2 + R_1 E_{th}}{R_1 R_2} = 0$$

$$\therefore E_{th}(R_1 + R_2) = V_{CC} R_2$$

$$\therefore E_{th} = \frac{V_{CC} R_2}{R_1 + R_2} \tag{7.2}$$

여기서,

$$I_E = I_B + I_C = I_B + \beta_{DC} I_B = (1 + \beta_{DC}) I_B$$

최종적으로 E_{th}와 R_{th}를 적용하면, 그림 7.1을 그림 7.2(c)의 회로로 최종 등가화할 수 있다.

그림 7.2(c)의 회로에서 I_B가 흐르는 loop에 KVL을 적용하면,

$$E_{th} - I_B R_{th} - V_{BE} - I_E R_E = 0 \tag{7.3}$$

식 (7.3)을 I_B에 대하여 정리하면,

$$E_{th} - I_B R_{th} - V_{BE} - I_B (1 + \beta_{DC}) R_E = 0$$

$$\therefore \ I_B = \frac{E_{th} - V_{BE}}{R_{th} + (1 + \beta_{DC}) R_E} \tag{7.4}$$

식 (7.3)을 $I_E (\simeq I_C)$에 대하여 정리하면,

$$E_{th} - I_B R_{th} - V_{BE} - I_E R_E = 0$$

$$\therefore \ E_{th} - \frac{I_E}{\beta_{DC}} R_{th} - V_{BE} - I_E R_E = 0 \ \Big| \ I_C \simeq I_E$$

$$\therefore \ I_E = \frac{E_{th} - V_{BE}}{\dfrac{R_{th}}{\beta_{DC}} + R_E} \tag{7.5}$$

그림 7.2(c)의 회로에서 I_C가 흐르는 loop에 KVL을 적용하면,

$$V_{CE} = V_C - V_E = (V_{CC} - I_C R_C) - I_E R_E \simeq V_{CC} - I_C (R_C + R_E) \tag{7.6}$$

식 (7.4)에서 β_{DC}가 상승하면, I_B 값은 실험 6의 이론 요약 6.3.2에서 보인 이미터 바이어스에 비해 상대적으로 대폭 하락한다.

이는 식 (7.4)의 E_{th}와 R_{th}의 값이 R_E의 값보다 훨씬 작고 또한 이미터 바이어스의 V_{CC}와 R_B의 값보다 상대적으로 작은 값이기 때문에 결과적으로 I_B 값이 β_{DC}의 변화에 큰 영향을 받기 때문이다.

식 (7.5)에서 β_{DC}가 상승하더라도, E_{th}와 R_{th}의 값이 R_E의 값보다 훨씬 작기 때문에 결과적으로 식 (7.6)에서 $I_C(\simeq I_E)$와 V_{CE}는 변화가 거의 없는 고정 값에 가까운 값을 가지기 때문에 전압 분배 바이어스는 가장 높은 안정도를 갖는다.

7.3.2 귀환 바이어스 회로

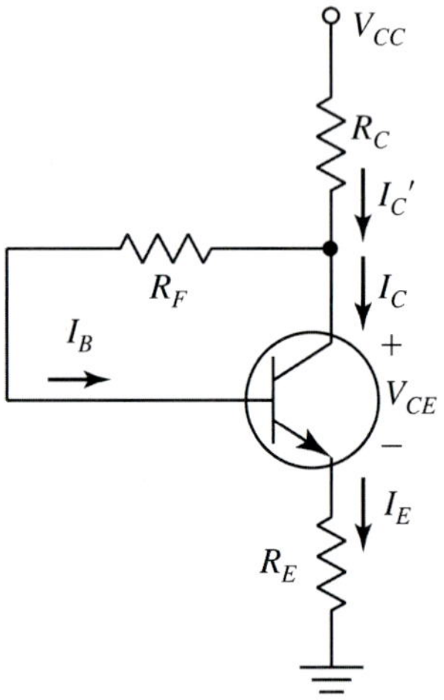

그림 7.3 BJT 귀환 바이어스

그림 7.3의 회로에서 I_B가 흐르는 loop에 KVL을 적용하면,

$$V_{CC} - I_C' R_C - I_B R_F - V_{BE} - I_E R_E = 0 \quad \left| \begin{array}{l} \text{Here,} \\ I_C' \approx I_C = \beta_{DC} I_B,\ I_E \approx I_C \end{array} \right. \tag{7.7}$$

식 (7.7)을 I_B에 대하여 정리하면,

$$V_{CC} - \beta_{DC} I_B R_C - I_B R_F - V_{BE} - \beta_{DC} I_B R_E = 0$$

$$\therefore\ I_B = \frac{V_{CC} - V_{BE}}{R_F + \beta_{DC}(R_C + R_E)} \tag{7.8}$$

식 (7.7)을 $I_E(\simeq I_C)$에 대하여 정리하면,

$$V_{CC} - I_C R_C - I_B R_F - V_{BE} - I_E R_E = 0$$

$$\therefore\ I_C\left(R_C+R_E+\frac{R_F}{\beta_{DC}}\right)=V_{CC}-V_{BE}$$

$$\therefore\ I_C=\frac{V_{CC}-V_{BE}}{\dfrac{R_F}{\beta_{DC}}+R_C+R_E} \qquad (7.9)$$

그림 7.3의 회로에서 I_C가 흐르는 loop에 KVL을 적용하면,

$$V_{CC}-I_C'R_C-V_{CE}-I_ER_E=0 \quad \left|\begin{array}{l}\text{Here,}\\ I_C'\approx I_C,\ I_E\approx I_C\end{array}\right.$$

$$\therefore\ V_{CE}=V_{CC}-I_C(R_C+R_E) \qquad (7.10)$$

식 (7.8)에서 β_{DC}가 상승하면, I_B는 소폭 하락하며 이는 고정 바이어스와 차별되는 점이다.

식 (7.9)에서 β_{DC}가 상승하면, $I_C(\simeq I_E)$는 소폭 상승하고, 식 (7.10)으로부터 V_{CE}는 소폭 하락한다.

이 바이어스는 I_B 값의 소폭 변화로 인해 고정 바이어스보다 $I_C(\simeq I_E)$와 V_{CE} 값들의 변화가 크지 않아 어느 정도 안정화 특성을 갖는다.

주목할 점은 β_{DC}의 변화에 따른 I_C와 V_{CE}의 변화량은 크지는 않으나 여전히 존재한다는 것이다.

식 (7.7)~(7.10)을 종합적으로 정리해 보면, 이미터 바이어스와 비슷한 I_B 및 $I_E(\simeq I_C)$의 변화 특성을 보인다.

즉, β_{DC}가 상승하면 I_B 값은 소폭 하락하고, $I_C(\simeq I_E)$ 값은 소폭 상승하며, V_{CE}의 값은 최종적으로 소폭 하락한다.

7.4 실험 과정

7.4.1 전압 분배 바이어스 회로

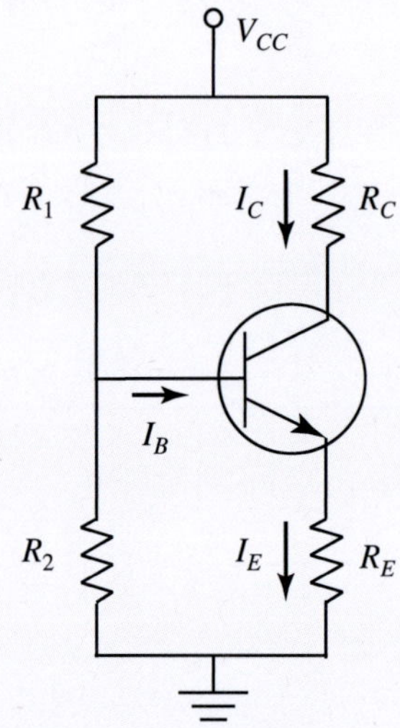

그림 7.4 BJT 전압 분배 바이어스

1 그림 7.4 회로의 이론적 특성값을 구하기 위해 $R_1 = 20$ kΩ, $R_2 = 3$ kΩ, $R_C = 2$ kΩ, $R_E = 500$ Ω, $V_{CC} = 20$ V의 값을 적용하시오.

2 식 (7.1)과 (7.2)를 이용해 E_{th}와 R_{th}를 계산하시오.

E_{th}(이론) = [V]

R_{th}(이론) = [kΩ]

3 그림 7.4 회로의 동작점(V_{CEQ}, I_{CQ})이 부하선의 거의 중앙에 위치하도록 $V_{R_C} = 8$ V, $V_{R_E} = 2$ V, $V_{BE} = 0.7$ V로 가정하고, 실험 과정 6.4.1에서 얻은 β_{DC} (이론) 값을 사용하여, 식 (7.4)와 (7.5)를 이용해 I_B와 I_C를 계산하시오.

I_B(이론) = [μA]

I_C(이론) = [mA]

4 2N3904 NPN BJT의 핀 아웃을 확인한 후, 실제로 그림 7.4의 회로를 구성하고, 디지털 멀티미터를 이용해 I_B와 I_C를 직접 측정하시오.

I_B(측정) = [μA]

I_C(측정) = [mA]

5 위의 이론값과 측정값을 이용해 β_{DC}를 추출하시오.

β_{DC}(이론) =

β_{DC}(측정) =

6 위 과정 3에서 얻은 I_C 값과 식 (7.6)을 이용해 그림 7.4 회로의 V_{CE} 값을 계산하고, 또한 디지털 멀티미터를 이용해 V_{CE}의 값을 직접 측정한 뒤 각각의 값을 기록하시오.

V_{CE}(이론) = [V]

V_{CE}(측정) = [V]

7 위의 내용을 바탕으로 표 7.1을 완성하시오.

표 7.1 BJT 전압 분배 바이어스의 파라미터

회로 파라미터	이론값	측정값
E_{th} [V]		
R_{th} [kΩ]		
I_B [μA]		
I_C [mA]		
β_{DC}		
V_{CE} [V]		

8 표 7.1에서 정리한 값을 서로 비교하고, 두 값의 차이를 발생시키는 원인에 대해 논하시오.

7.4.2 귀환 바이어스 회로

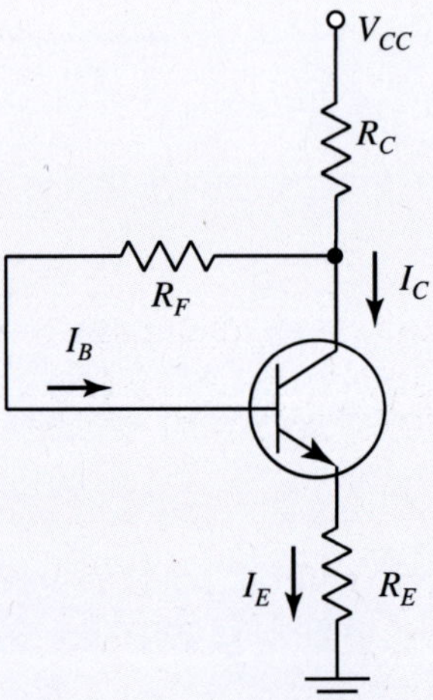

그림 7.5 BJT 귀환 바이어스

1 그림 7.5 회로의 이론적 특성값을 구하기 위해 $R_f = 1\ \text{M}\Omega$, $R_C = 2\ \text{k}\Omega$, $R_E = 500\ \Omega$, $V_{CC} = 20\ \text{V}$의 값을 적용하시오.

2 그림 7.5 회로의 동작점(V_{CEQ}, I_{CQ})이 부하선의 거의 중앙에 위치하도록 $V_{R_C} = 8\ \text{V}$, $V_{R_E} = 2\ \text{V}$, $V_{BE} = 0.7\ \text{V}$로 가정하고, 실험 과정 6.4.1에서 얻은 β_{DC} 값을 사용하여, 식 (7.8)과 (7.9)를 이용해 I_B와 I_C를 계산하시오.

I_B(이론) = [μA]

I_C(이론) = [mA]

③ 2N3904 NPN BJT의 핀 아웃을 확인한 후, 실제로 그림 7.5의 회로를 구성하고, 디지털 멀티미터를 이용해 I_B와 I_C를 직접 측정하시오.

I_B(측정) = [μA]

I_C(측정) = [mA]

④ 위의 이론값과 측정값을 이용해 β_{DC}를 추출하시오.

β_{DC}(이론) =

β_{DC}(측정) =

⑤ 위 과정 ②에서 얻은 I_C 값과 식 (7.10)을 이용해 그림 7.5 회로의 V_{CE} 값을 계산하고, 또한 디지털 멀티미터를 이용해 V_{CE}의 값을 직접 측정한 뒤 각각의 값을 기록하시오.

V_{CE}(이론) = [V]

V_{CE}(측정) = [V]

⑥ 위의 내용을 바탕으로 표 7.2를 완성하시오.

표 7.2 BJT 귀환 바이어스의 파라미터

회로 파라미터	이론값	측정값
I_B [μA]		
I_C [mA]		
β_{DC}		
V_{CE} [V]		

⑦ 표 7.2에서 정리한 값을 서로 비교하고, 두 값의 차이를 발생시키는 원인에 대해 논하시오.

MEMO

실험 08
공통 이미터 증폭기

8.1 실험 목표

○ 전압 분배 바이어스를 구성하여 공통 이미터(emitter) 증폭기에 DC 전원을 공급할 수 있다.

○ I_B를 고려하지 않는 전압 분배 바이어스 회로의 간편 직류 해석을 이해할 수 있다.

○ 소신호 해석을 통해 교류 전압이득의 이론값을 추출하고 실제 측정값과 서로 비교할 수 있다.

8.2 필요 장비 및 부품

- 디지털 멀티미터(Digital Multimeter)
- 직류 전력 공급기(DC Power Supply)
- 함수 발생기(Function Generator)
- 오실로스코프(Oscilloscope)
- 2N3904 NPN BJT 또는 등가 소자
- 저항(Resistor): 500 Ω, 2 kΩ, 3 kΩ, 5 kΩ, 20 kΩ
- 커패시터(Capacitor): 15 μF, 100 μF
- 브레드보드(Breadboard)

8.3 이론 요약

8.3.1 공통 이미터 회로 소신호 모델

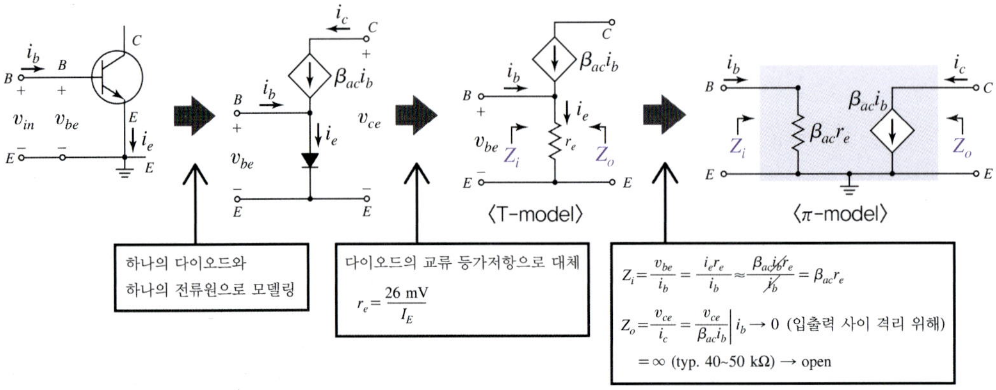

그림 8.1 공통 이미터 회로의 r_e 소신호 모델

8.3.2 교류 해석(소신호 해석)

먼저, 직류 관련 소자(커패시터, DC 전압원)를 제거(short)한다.

트랜지스터 부분을 그림 8.1에서 최종적으로 보인 T-model 또는 π-model로 대체한다.

전체 회로의 응답을 결정한다.

8.3.3 전체 회로 해석

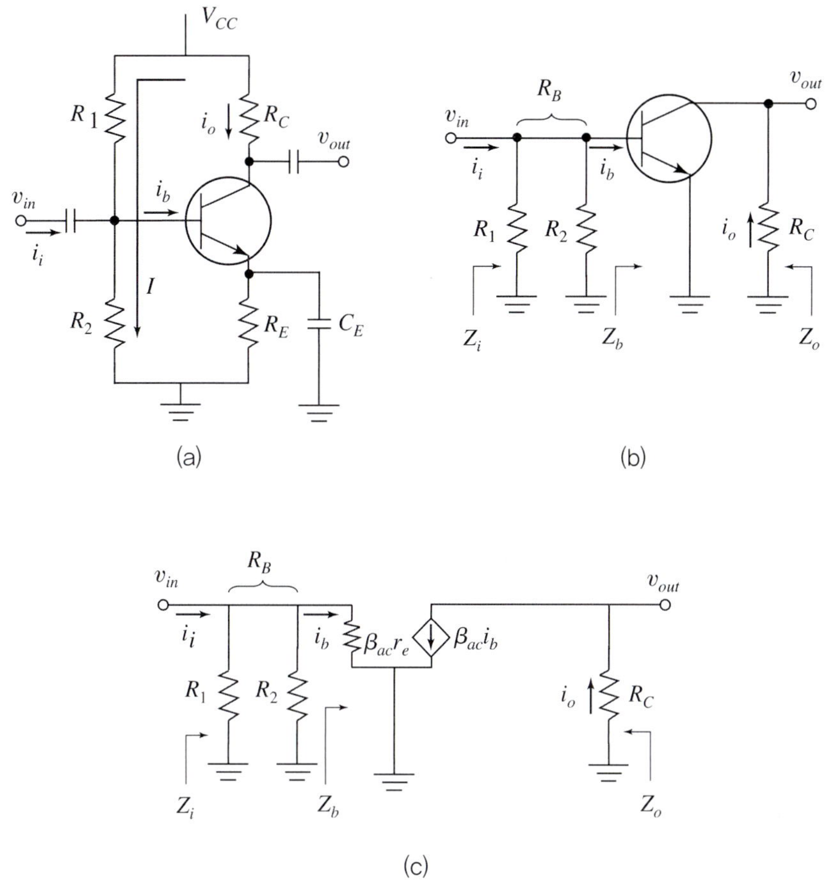

그림 8.2 전압 분배 바이어스를 포함하는 (a) 공통 이미터 증폭기의 (b) 직류 관련 소자 제거 회로와 (c) 최종 소신호 회로

8.3.3.1 직류 해석

그림 8.2(a)에 보인 회로에서 $\beta_{DC}R_E \geq 10R_2$를 만족시키고, 베이스단으로 흐르는 직류전류 $I_B = 0$(I_C 값에 비해 매우 작기 때문)으로 가정하면, I_B를 고려하지 않는 전압 분배 바이어스 회로의 간편 직류 해석이 가능하다. 이때 R_1과 R_2를 통과해 흐르는 직류전류를 I라고 하면,

$$I = \frac{V_{CC}}{R_1 + R_2}$$

$$V_B = R_2 I$$

$$V_E = V_B - V_{BE}$$

$$I_E = V_E / R_E$$

$$V_C = V_{CC} - R_C I_C \approx V_{CC} - R_C I_E$$

$$V_{CE} = V_C - V_E$$

8.3.3.2 교류 해석

그림 8.2(a)의 회로에서 직류 관련 소자를 제거(short)하고 트랜지스터를 모델링하면 그림 8.2(c)의 최종 소신호 회로로 등가화된다. 이를 교류 해석해 보면,

$$r_e = 26\,\mathrm{mV}/I_E \tag{8.1}$$

$$Z_b = \beta_{ac} r_e \tag{8.2}$$

$$Z_i = R_B \parallel Z_b \tag{8.3}$$

$$Z_o = R_C \tag{8.4}$$

$A_v = -\dfrac{R_C}{r_e} \;\Big|\; A_v = \dfrac{v_{out}}{v_{in}}$

$$v_{out} = -i_o R_C = -\beta_{ac} i_b R_C$$

$$\text{here, } Z_b = \frac{v_{in}}{i_b} = \beta_{ac} r_e \quad \therefore\ i_b = \frac{v_{in}}{\beta_{ac} r_e}$$

$$\therefore\ v_{out} = -\cancel{\beta_{ac}} \frac{v_{in}}{\cancel{\beta_{ac}} r_e} R_C$$

$$\therefore\ \frac{v_{out}}{v_{in}} = -\frac{R_C}{r_e} \tag{8.5}$$

$A_i = \dfrac{\beta_{ac} R_B}{R_B + \beta_{ac} r_e} \;\Big|\; A_i = \dfrac{i_0}{i_i}$

$\cong \beta_{ac} \mid R_B \gg \beta_{ac} r_e$ 이므로

입력 측 병렬회로에서

$$R_B(i_i - i_b) = Z_b i_b \mid Z_b = \beta_{ac} r_e$$

$$\therefore\ R_B i_i = (R_B + \beta_{ac} r_e) i_b$$

$$\therefore\ \frac{i_b}{i_i} = \frac{R_B}{R_B + \beta_{ac} r_e} \tag{8.6}$$

또한 $i_0 / i_b = i_c / i_b = \beta_{ac}$

$$\therefore\ \frac{\cancel{i_b}}{i_i} \frac{i_0}{\cancel{i_b}} = \frac{\beta_{ac} R_B}{R_B + \beta_{ac} r_e}$$

8.4 실험 과정

8.4.1 공통 이미터 증폭기의 간편 직류 해석

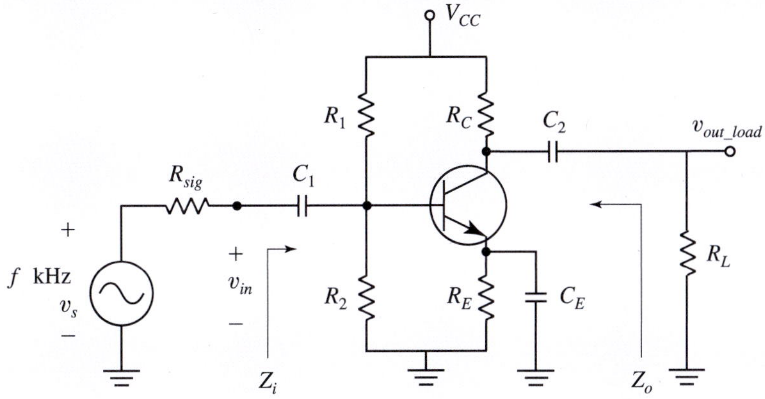

그림 8.3 전압 분배 바이어스를 포함하는 공통 이미터 증폭기

1 그림 8.3 회로의 이론적 특성값을 구하기 위해 $R_{sig}=2\ \text{k}\Omega$, $R_1=20\ \text{k}\Omega$, $R_2=3\ \text{k}\Omega$, $R_C=2\ \text{k}\Omega$, $R_E=500\ \Omega$, $R_L=5\ \text{k}\Omega$, $C_1=15\ \mu\text{F}$, $C_2=15\ \mu\text{F}$, $C_E=100\ \mu\text{F}$, $V_{CC}=20\ \text{V}$의 값을 적용하시오.

2 실험 과정 6.4.1에서 얻은 β_{DC}(이론) 값을 사용하고, 이론 요약 8.3.3.1에서 보인 아래의 식을 참고하여 간편 직류 해석이 가능한지 확인하시오.

$$\beta_{DC} R_E \geq 10 R_2$$

3 이론 요약 8.3.3.1에서 보인 I, V_B, V_E, I_E, V_C, V_{CE}의 이론값을 계산하고, 또한 직접 측정하여 표 8.1에 정리하시오.

표 8.1 전압 분배 바이어스를 포함하는 공통 이미터 증폭기의 직류 파라미터

회로 파라미터	이론값	측정값
I [mA]		
V_B [V]		
V_E [V]		
I_E [mA]		
V_C [V]		
V_{CE} [V]		

4 표 8.1에서 정리한 값을 서로 비교하고, 두 값의 차이를 발생시키는 원인에 대해 논하시오.

8.4.2 공통 이미터 증폭기의 교류 해석

1 식 (8.1)과 표 8.1에 보인 I_E(측정값)를 이용해 교류등가저항 r_e를 계산하시오.

$r_e =$ [Ω]

2 그림 8.3에서 R_{sig}를 단락시키고, 증폭기의 무부하(R_L은 개방) 전압이득 A_v[그림 8.2(a) 참고]를 식 (8.5)를 이용해 계산하시오.

A_v(이론) =

3 $f = 1$ kHz인 $v_s = 20$ mV 교류 신호를 인가한 뒤, 오실로스코프나 디지털 멀티미터를 이용해 출력 전압을 측정하고, 그 측정값을 사용해 무부하 전압이득을 계산하시오.

v_{out}(측정) = [V]

A_v(측정에 의한 계산) =

④ 다음 식을 이용해 $R_L = 5\ \text{k}\Omega$일 때의 부하 전압이득(A_{v_load})을 계산하시오.

$$A_{v\_load} = -\frac{R_c \parallel R_L}{r_e}$$

A_{v_load}(이론) =

⑤ 그림 8.3의 회로를 구성(R_{sig}는 단락, $R_L = 5\ \text{k}\Omega$)하고, $f = 1\ \text{kHz}$인 $v_s = 20\ \text{mV}$ 교류 신호를 인가한 뒤, 오실로스코프나 디지털 멀티미터를 이용해 출력 전압을 측정하고, 그 측정값을 사용해 부하 전압이득을 계산하시오.

v_{out_load}(측정) = [V]

A_{v_load}(측정에 의한 계산) =

⑥ $f = 1\ \text{kHz}$인 $v_s = 20\ \text{mV}$의 인가된 교류 신호와 위 과정 ③과 ⑤에서 얻은 v_{out}와 v_{out_load} 파형 모두를 한 주기 이상 그림 8.4에 중첩하여 그리시오.

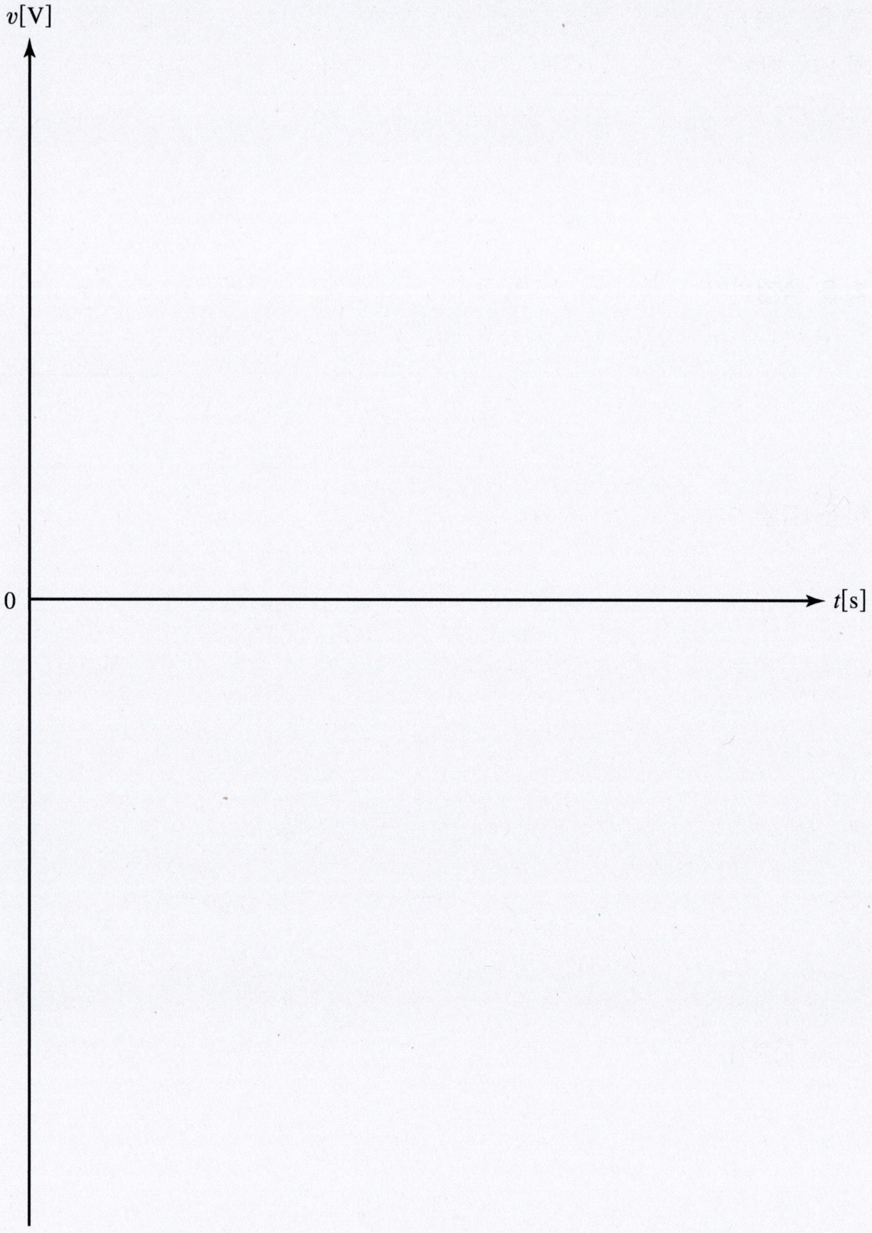

그림 8.4 공통 이미터 증폭기의 교류 입력 및 출력 전압 파형

[7] 위 과정 [2]와 [3]에서 얻은 A_v 값을 서로 비교하고, 위 과정 [4]와 [5]에서 얻은 A_{v_load} 값도 서로 비교한 뒤, 각각의 이론값과 측정값의 차이를 발생시키는 원인이 무엇인지 논하시오.

8 R_L을 개방하고, 식 (8.2)와 (8.3)을 이용하여 Z_i를 계산하시오. 참고로, β_{ac}는 트랜지스터 데이터시트에 제시되어 있는 값을 이용하고, 여의치 않다면 실험 6의 실험 과정 6.4.1의 $\beta_{DC}(\simeq\beta_{ac})$ 값을 사용하시오.

Z_i(이론)= [Ω]

9 Z_i를 측정하기 위해 그림 8.3의 회로를 구성($R_{sig}=2$ kΩ, R_L은 개방)하고, $f=$ 1 kHz인 $v_s=20$ mV 교류 신호를 인가한 뒤, v_{in}을 측정하시오.

v_{in}(측정)= [mV]

10 다음 식을 이용해 Z_i를 계산하시오.

$$Z_i = \frac{v_{in}(\text{측정})}{(v_s - v_{in}(\text{측정}))} R_{sig}$$

Z_i(측정에 의한 계산)= [Ω]

11 R_{sig}를 단락하고, 식 (8.4)를 이용하여 Z_o를 계산하시오.

Z_o(이론)= [Ω]

12 Z_o를 측정하기 위해 그림 8.3의 회로를 구성(R_{sig}=단락, $R_L=$ 5 kΩ)하고, 위 과정 3과 5에서 각각 측정한 v_{out}, v_{out_load}, 그리고 다음 식을 이용해 Z_o를 계산하시오.

$$Z_o = \frac{v_{out} - v_{out\_load}}{v_{out\_load}} R_L$$

Z_o(측정에 의한 계산)= [Ω]

13 위 과정 8과 10에서 얻은 Z_i 값들을 서로 비교하고, 위 과정 11과 12에서 얻은 Z_o 값들도 서로 비교한 뒤, 각각의 이론값과 측정값의 차이를 발생시키는 원인이 무엇인지 논하시오.

MEMO

실험 09
JFET 동작 특성

9.1 실험 목표

○ BJT와 일반적인 FET(Field Effect Transistor, 전계 효과 트랜지스터)와의 특성을 비교할 수 있다.

○ N-채널 JFET의 전달 특성 그래프와 드레인 특성 그래프를 이해하고 그릴 수 있다.

○ N-채널 JFET의 핀치오프(pinch-off) 전압과 포화전류를 정할 수 있다.

9.2 필요 장비 및 부품

- 디지털 멀티미터(Digital Multimeter)
- 직류 전력 공급기(DC Power Supply)
- 2N5486 N-채널 JFET 또는 등가 소자
- 저항(Resistor): 250 Ω
- 브레드보드(Breadboard)

9.3 이론 요약

9.3.1 FET의 기본 특성

FET: 입력전류 없이($I_G = 0$) 게이트단과 소스단 사이에 걸린 전압에 의해 입력 전계 효과가 발생하고, 이를 이용해 채널에 흐르는 전류($I_D = I_S$)를 제어할 수 있는 전압제어 소자

BJT와 일반적인 FET의 특성 비교

BJT: $V_{BE} = 0.7$ V, $I_C = \beta_{DC} I_B$, $I_C \approx I_E$

→ Linear relationship between I_C & I_B(전류제어)

FET: Nonlinear relationship between I_D & V_{GS}(전압제어)

→ 수학적 접근법: 정확도↑, 복잡(2차 방정식으로 해를 구함)

→ V_{GS} or I_D 둘 중 하나로 귀결

그래프 접근법: 정확도↓, 간단, 많이 쓰임, 직관적임.

9.3.2 JFET 전달 특성 그래프와 드레인 특성 그래프

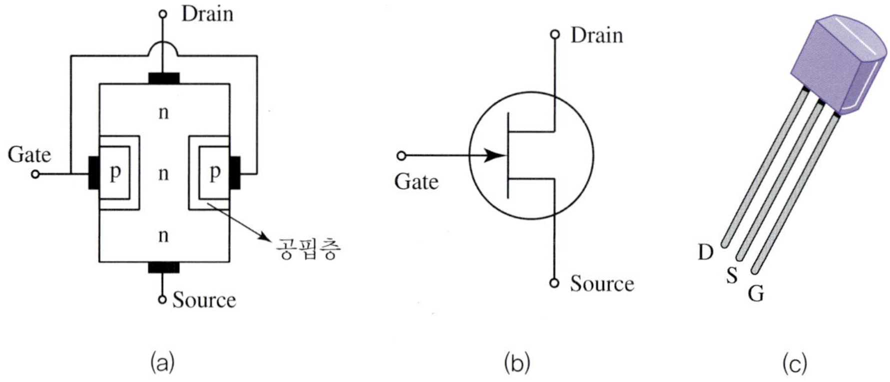

그림 9.1 N-채널 JFET의 (a) 기본 구조, (b) 기호, (c) 핀 아웃

그림 9.2(a)에 보인 회로에서 $V_{GS} = 0$ V와 V_{DS}에 작은 전압이 인가되면, 공핍층의 채널 간격은 일정하게 조절되어 그림 9.2(b)에 보인 N-채널 저항구간을 따라 흐르는 드레인 전류 I_D는 선형적으로 증가한다.

이후 V_{DS}를 양의 값으로 점점 증가시키면 그림 9.2(c)에 보인 것처럼 소스단에서 드레인단으로 가까워질수록 두 공핍층의 영역이 점점 증가하여 드레인단 근처에서 거의 한 점으로 붙어버릴 정도로 매우 가까워지고 이때의 특정한 V_{DS} 값을 그림 9.2(b)의 V_P(드레인 핀치오프 전압)라 한다.

하지만 매우 좁은 채널은 여전히 존재하게 되며 V_P(드레인 핀치오프 전압) 이상의 V_{DS}

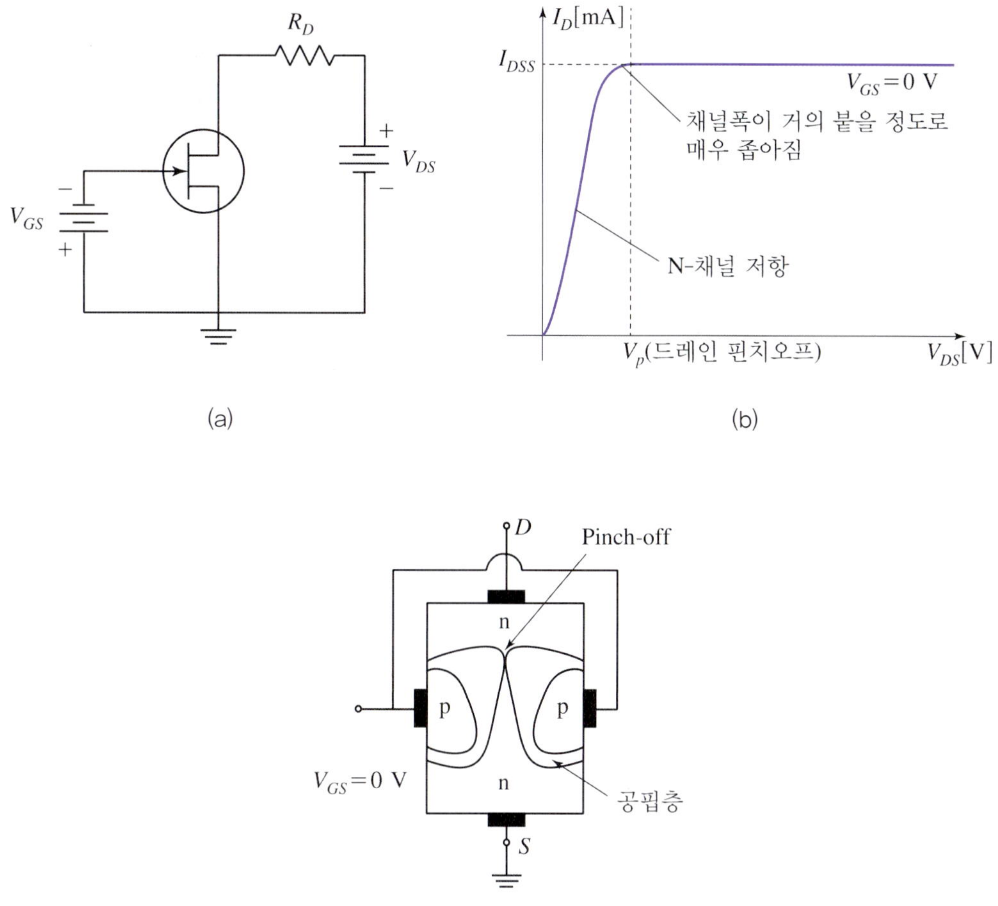

(c)

그림 9.2 (a) N-채널 JFET의 $V_{GS}=0$ V일 때의 (b) 드레인 특성 그래프와 (c) 핀치오프 특성

값이 인가되어도 매우 좁은 채널을 통과하는 최대의 I_D만 존재하고 더 이상의 증가는 없는 포화상태가 되는데 이를 최대 드레인 포화전류(I_{DSS})라 한다.

JFET는 구조적으로 공핍 모드만 존재(증가 모드는 없음)하므로, $V_{GS}=0$ V일 때 최대의 드레인 (포화)전류량을 가진다.

$V_{GS}=0$ V에서 양의 값으로 점점 증가시키면 게이트단과 소스단 사이에는 음의 전압이 계속 증가하므로 그림 9.2(c)에서 보인 드레인단 근처의 거의 한 점으로 붙는 핀치오프 특성이 소스단 근처까지 확장된다.

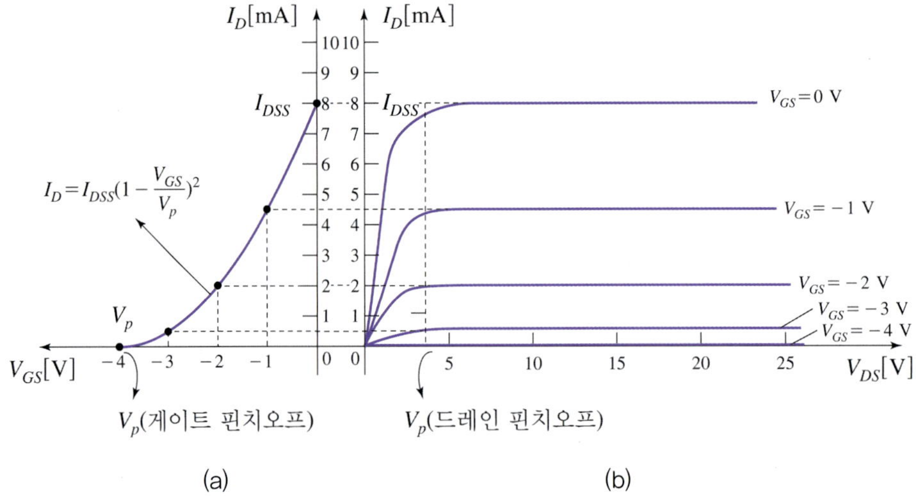

그림 9.3 N-채널 JFET의 (a) 전달 특성 그래프와 (b) 드레인 특성 그래프

이때 채널이 완전히 막히게 되어 드레인단과 소스단 사이에 흐르는 전류 I_D는 더 이상 흐르지 않고 완전히 차단되며, 이를 그림 9.3의 V_P(게이트 핀치오프 전압)라 한다.

V_{GS}에 의해 I_D가 제어되는 특성을 그림 9.3에 보였다.

전달 특성 방정식은 식 (9.1)과 같고, 여기서 V_P는 게이트 핀치오프 전압을 의미한다.

$$I_D = I_{DSS}\left(1 - \frac{V_{GS}}{V_p}\right)^2 \tag{9.1}$$

9.4 실험 과정

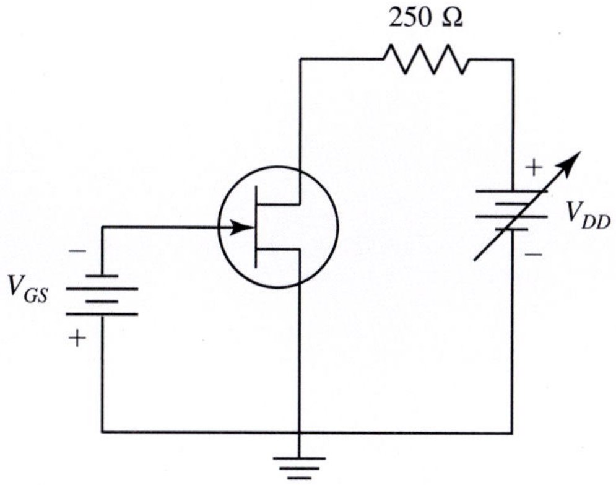

그림 9.4 JFET의 전달 특성 그래프와 드레인 특성 그래프 실험 회로

1. 2N5486 JFET의 핀 아웃을 잘 확인하고, 그림 9.4의 회로를 구성하시오.

2. $V_{GS} = 0$ V로 고정하고, 표 9.1에 주어진 V_{DS} 값이 되도록 V_{DD}의 값을 0 V에서부터 서서히 증가시키며 각각의 V_{DS}에 해당하는 $I_D(@V_{GS} = 0\text{ V})$의 값을 측정하여 그 결과를 표 9.1에 기록하고 그림 9.5에도 나타내시오.

표 9.1 JFET 드레인 특성 그래프 추출을 위한 데이터

V_{DS} [V]	I_D [mA] (@ V_{GS} = 0[V])	I_D [mA] (@ V_{GS} = −1[V])	I_D [mA] (@ V_{GS} = −2[V])	I_D [mA] (@ V_{GS} = −3[V])	I_D [mA] (@ V_{GS} = −4[V])
0					
1					
2					
3					
4					
5					
6					
7					
8					
9					
10					
11					
12					
13					
14					
15					

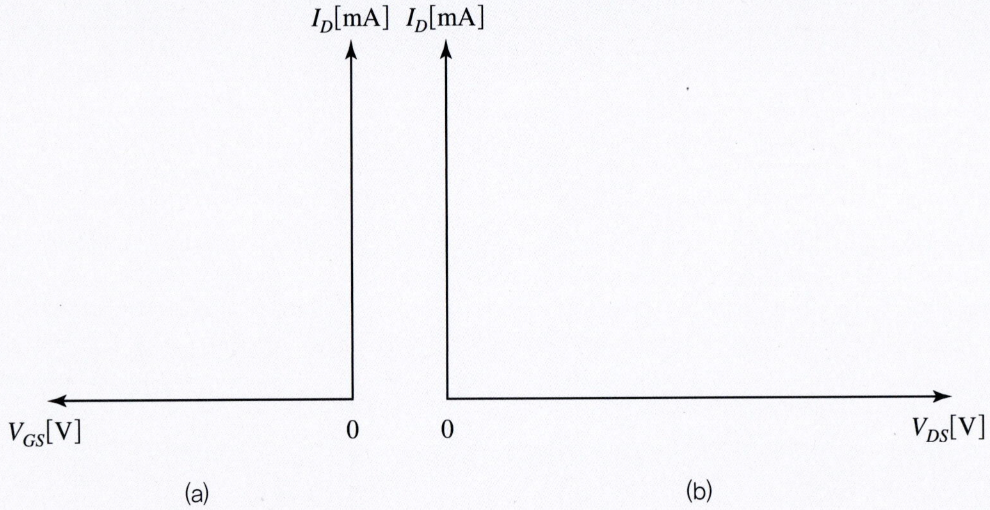

그림 9.5 측정된 JFET의 (a) 전달 특성 그래프와 (b) 드레인 특성 그래프

③ 그림 9.2를 참고하여, 위 과정 ②의 결과로부터 I_{DSS}와 V_P(드레인 핀치오프 전압) 값을 각각 추출하시오.

I_{DSS} = [mA]

V_P(드레인 핀치오프 전압) = [V]

④ 표 9.1에 보인 나머지 V_{GS} 값으로 차례대로 증가시키며(즉, 게이트단과 소스단 사이에는 음의 전압이 계속 증가) 고정하고, 표 9.1에 주어진 V_{DS} 값이 되도록 V_{DD}의 값을 0 V에서부터 서서히 증가시키며 각각의 V_{DS}에 해당하는 I_D 값을 측정하여 그 결과를 표 9.1에 기록하고 표를 완성하시오.

⑤ 위 과정 ②~④의 데이터를 바탕으로 그림 9.5의 전달 특성과 드레인 특성 그래프를 모두 완성하시오.

⑥ 그림 9.3을 참고하여, 위 과정 ⑤의 결과로부터 V_P(게이트 핀치오프 전압) 값을 추출하시오.

V_P(게이트 핀치오프 전압) = [V]

MEMO

실험 10
JFET 고정 바이어스와 자기 바이어스

10.1 실험 목표

○ JFET의 고정 바이어스와 자기 바이어스 회로의 특성을 이해할 수 있다.
○ 각 바이어스 방정식과 JFET의 전달 특성 방정식의 교차점(동작점)을 구할 수 있다.
○ 동작점 설정을 위한 실제적인 바이어스 회로를 구성할 수 있다.

10.2 필요 장비 및 부품

- 디지털 멀티미터(Digital Multimeter)
- 직류 전력 공급기(DC Power Supply)
- 2N5486 N-채널 JFET 또는 등가 소자
- 저항(Resistor): 300 Ω, 1 kΩ, 1 MΩ
- 브레드보드(Breadboard)

10.3 이론 요약

10.3.1 고정 바이어스 회로

그림 10.1에서 보인 N-채널 JFET를 동작시키기 위해서는 게이트단과 소스단 사이에 역방향의 바이어스가 걸리므로, $I_G = 0$이다.

따라서

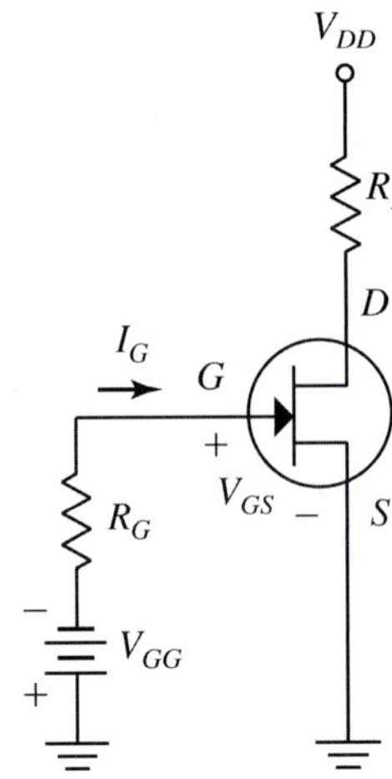

그림 10.1 JFET 고정 바이어스 회로

$V_{R_G} = I_G R_G = 0$

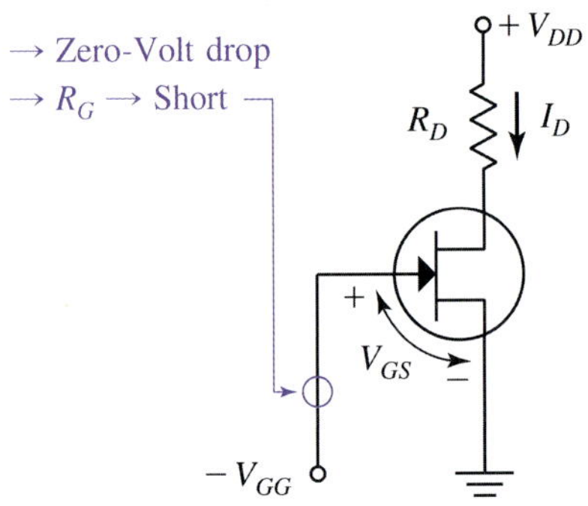

입력 측 KVL 적용

$- V_{GG} - V_{GS} = 0$

$$\therefore \; V_{GS} = - V_{GG} \tag{10.1}$$

V_{GS}는 고정된 $-V_{GG}$에 의해 직접 바이어스되어 '고정 바이어스'라 불리며, 위 식 (10.1)은 고정 바이어스 방정식을 나타낸다.

JFET의 전달 특성 방정식은 식 (10.2)와 같다.

$$I_D = I_{DSS}\left(1 - \frac{V_{GS}}{V_p}\right)^2 \tag{10.2}$$

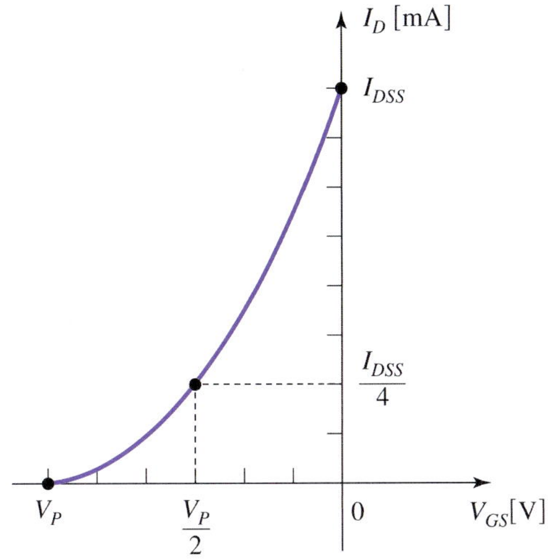

그림 10.2 JFET의 전달 특성 그리기

여기서 임의의 세 점의 위치를 다음과 같이 정하여 근사적으로 그래프를 그리면 그림 10.2와 같다.

$$V_{GS} = 0 \quad \rightarrow I_D = I_{DSS}$$
$$V_{GS} = V_P \quad \rightarrow I_D = 0$$
$$V_{GS} = V_P/2 \quad \rightarrow D = I_{DSS}/4$$

위 식 (10.1)에서 보인 고정 바이어스 방정식과 그림 10.2에서 보인 JFET의 전달 특성 방정식을 중첩하여 그래프로 나타내면 그림 10.3과 같고, 두 그래프가 만나는 교차점이 곧 동작점(V_{GSQ}, I_{DQ})이 된다.

교차점을 구하는 방법은 두 가지가 있다. 첫 번째는 그림 10.3에서 보여진 교차점에 대한 가로축과 세로축에 해당하는 점을 그대로 읽어내는 근사적인 방법이고, 두 번째는 곡선(JFET 전달 특성)과 직선(고정 바이어스 방정식)의 교차점을 2차 방정식의 해를 이용해 구하는 정확한 방법이다. 2차 방정식을 이용해 정확하게 구하기 위해서는 대부분의 경우 전자계산기 또는 수학 프로그램을 이용해야 하는 불편함이 있고 또한 값을 빠르게 찾기도 어려워 그래프를 이용한 근사적 방법이 주로 사용된다.

또한 드레인단과 소스단 사이에 KVL을 적용해 보면,

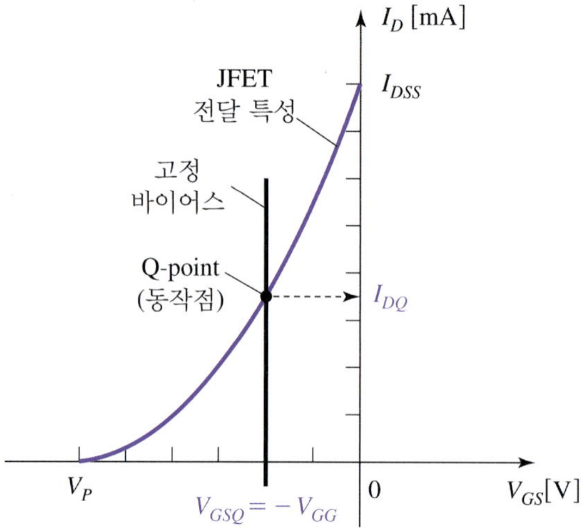

그림 10.3 JFET의 전달 특성 그래프와 고정 바이어스 그래프의 교차점(동작점) 추출

$$V_{DS} = V_{DD} - R_D I_D \quad \Bigg| \quad \begin{aligned} V_{DS} &= V_D - \underbrace{V_S}_{=0} \\ &= V_D \\ V_{GS} &= V_G - \underbrace{V_S}_{=0} \\ &= V_G \end{aligned} \tag{10.3}$$

10.3.2 자기 바이어스 회로

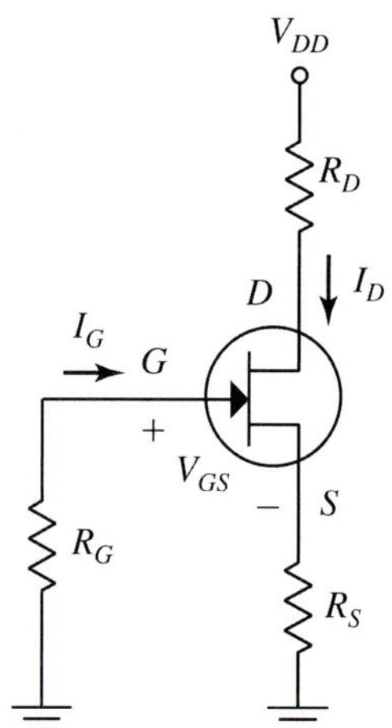

그림 10.4 JFET 자기 바이어스 회로

그림 10.4에서 보인 자기 바이어스 회로에서, $I_G = 0$이다.

따라서

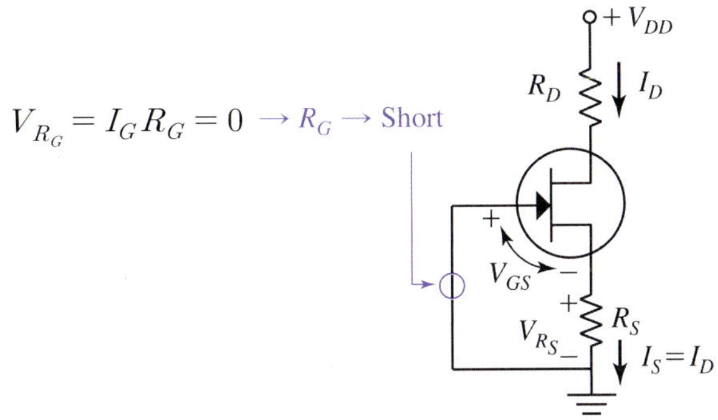

입력 측 KVL 적용

$0 - V_{GS} - V_{R_S} = 0$

$$\therefore\ V_{GS} = -V_{R_S} = -I_D R_S \tag{10.4}$$

V_{GS}는 V_{R_S}에 의해 결정되고, 원점을 지나는 1차 함수의 형태이며, R_S에 의해 기울기가 조절된다.

R_S가 고정 바이어스 회로에서 V_{GG}의 역할을 대신하기 때문에 '자기(self) 바이어스'라 불리며, 위 식 (10.4)는 자기 바이어스 방정식을 나타낸다. 이 1차 함수를 그리는 방법은 이 함수가 지나는 원점과 원점 이외의 한 점을 찾아 그 두 점을 직선으로 이으면 된다. 예를 들어, 식 (10.4)에서 I_D에 $I_{DSS}/2$를 대입하면 $V_{GS} = -(I_{DSS}R_S)/2$가 되므로 두 점 (0,0), $(-(I_{DSS}R_S)/2,\ I_{DSS}/2)$ 사이의 직선을 그리면 된다.

JFET의 전달 특성 방정식은 이론 요약 10.3.1의 식 (10.2)이며, 임의의 세 점의 위치를 정하고 그래프를 그리는 방법은 그림 10.2에서와 동일하다.

위 식 (10.4)에서 보인 자기 바이어스 방정식과 그림 10.2에서 보인 JFET의 전달 특성 방정식을 중첩하여 그래프로 나타내면 그림 10.5와 같고, 두 그래프가 만나는 교차점이 곧 동작점(V_{GSQ}, I_{DQ})이 된다.

교차점을 구하는 방법은 두 가지가 있으며 이론 요약 10.3.1에서의 설명과 동일하다.

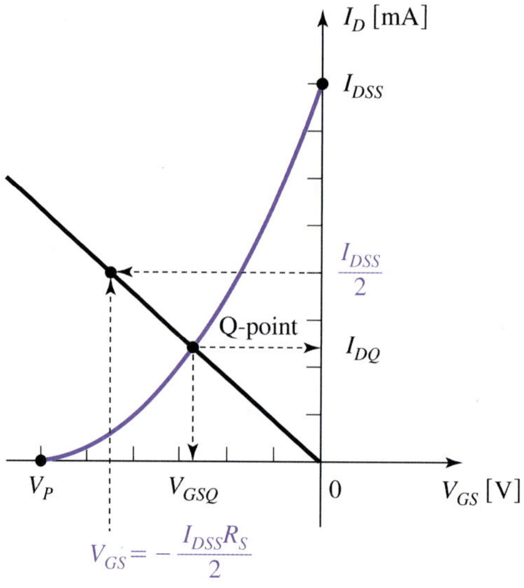

그림 10.5 JFET의 전달 특성 그래프와 자기 바이어스 그래프의 교차점(동작점) 추출

또한 드레인단과 소스단 사이에 KVL을 적용해 보면 다음과 같다.

$$V_{DD} - I_D R_D - V_{DS} - I_D R_S = 0$$

$$\therefore \; V_{DS} = V_{DD} - I_D(R_D + R_S)$$

추가적으로,

$$\left| \begin{array}{l} V_S = I_D R_S \\ V_G = 0 \mid \because \; V_G = V_{R_G} \\ V_D = V_{DS} + V_S = V_{DD} - I_D R_D \end{array} \right. \tag{10.5}$$

10.4 실험 과정

10.4.1 고정 바이어스 회로

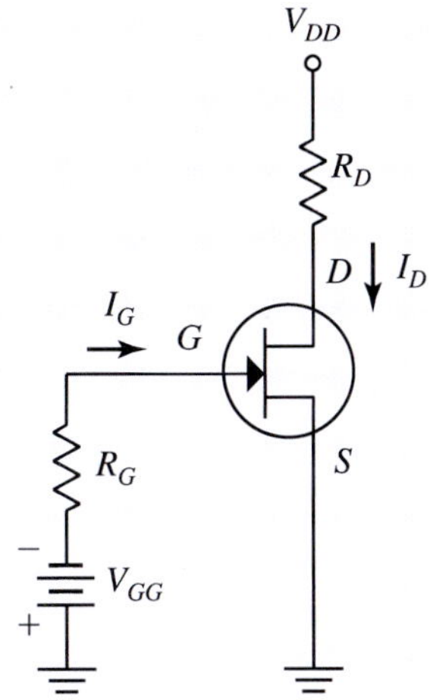

그림 10.6 JFET 고정 바이어스 회로

1 그림 10.6 회로의 이론적 특성값을 구하기 위해 $R_G = 1\ \text{M}\Omega$, $R_D = 1\ \text{k}\Omega$, $V_{GG} = -2\ \text{V}$, $V_{DD} = 20\ \text{V}$의 값을 적용하시오.

2 2N5486 JFET의 I_{DSS}와 V_P는 실험 9의 실험 과정 9.4에서 얻은 I_{DSS}와 V_P 값을 사용하여, 식 (10.1)과 (10.2)에서 나타낸 고정 바이어스 방정식과 JFET 전달 특성 방정식을 각각 그림 10.7에 중첩하여 그래프로 나타내고 동작점 V_{GSQ}와 I_{DQ}를 추출(계산)하시오.

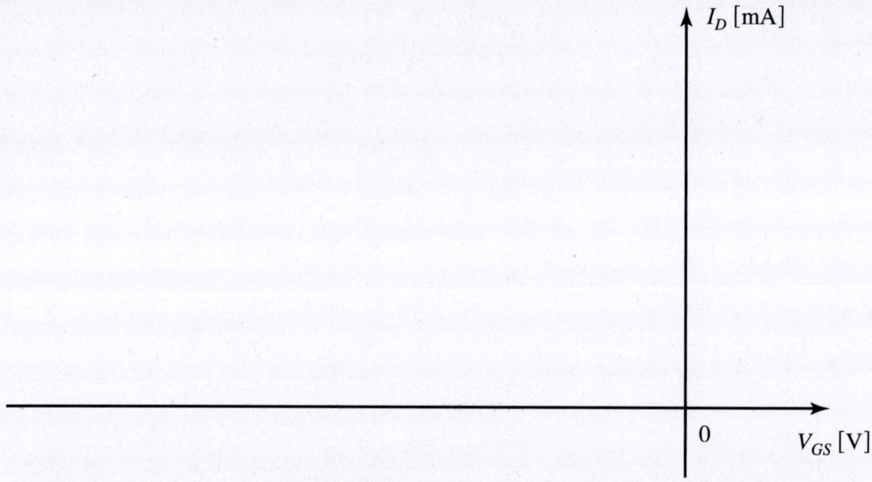

그림 10.7 JFET의 전달 특성 그래프와 고정 바이어스 그래프의 교차점(동작점) 추출

V_{GSQ}(이론) = [V]

I_{DQ}(이론) = [mA]

3 2N5486 JFET의 핀 아웃을 확인한 후, 실제로 그림 10.6의 회로를 구성하고, 디지털 멀티미터를 이용해 V_{GSQ}와 I_{DQ}를 직접 측정하시오.

V_{GSQ}(측정) = [V]

I_{DQ}(측정) = [mA]

4 식 (10.3)을 이용해 V_{DS}, V_D, V_G, V_S를 계산하고, 또한 디지털 멀티미터를 이용해 직접 측정하시오.

5 위 과정 2~4의 내용을 표 10.1에 정리하시오.

표 10.1 JFET 고정 바이어스 회로 파라미터

회로 파라미터	이론값	측정값
V_{GSQ} [V]		
I_{DQ} [mA]		
V_{DS} [V]		
V_D [V]		
V_G [V]		
V_S [V]		

6 표 10.1에서 정리한 이론값과 측정값을 각각 비교하고, 각 파라미터별 값의 차이를 발생시키는 원인에 대해 논하시오.

10.4.2 자기 바이어스 회로

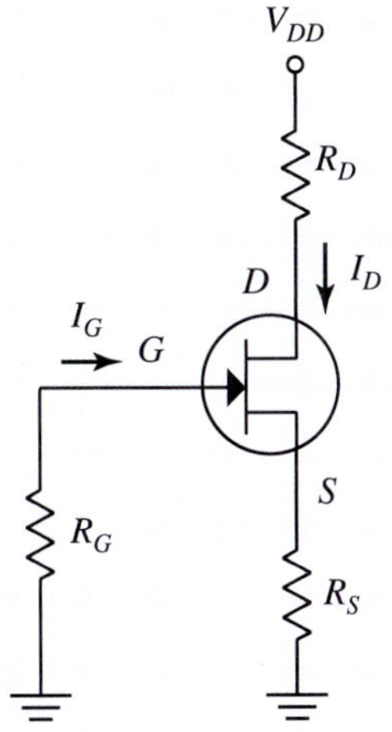

그림 10.8 JFET 자기 바이어스 회로

1 그림 10.8 회로의 이론적 특성값을 구하기 위해 $R_G = 1\ \text{M}\Omega$, $R_D = 1\ \text{k}\Omega$, $R_S = 300\ \Omega$, $V_{DD} = 20\ \text{V}$의 값을 적용하시오.

2 2N5486 JFET의 I_{DSS}와 V_P는 실험 9의 실험 과정 9.4에서 얻은 I_{DSS}와 V_P 값을 사용하여, 식 (10.2)와 (10.4)에서 나타낸 JFET 전달 특성 방정식과 자기 바이어스 방정식을 각각 그림 10.9에 중첩하여 그래프로 나타내고 동작점 V_{GSQ}와 I_{DQ}를 추출(계산)하시오.

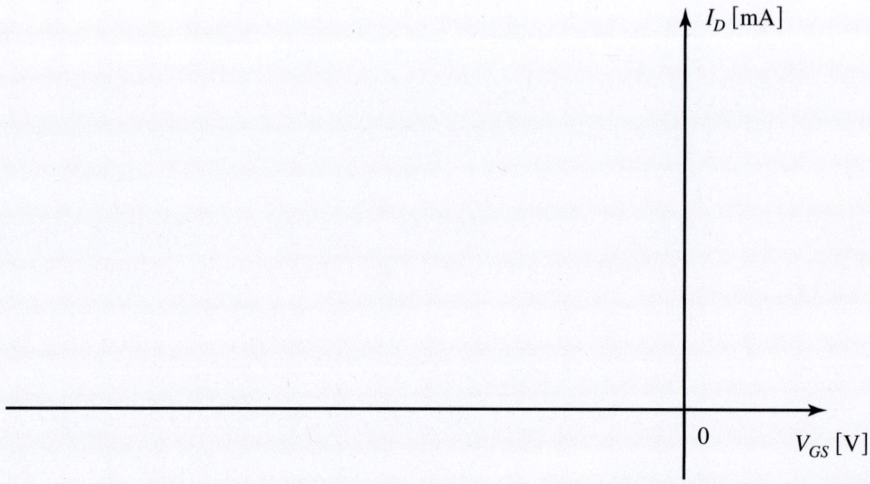

그림 10.9 JFET의 전달 특성 그래프와 자기 바이어스 그래프의 교차점(동작점) 추출($R_S = 300\ \Omega$)

V_{GSQ}(이론) = [V]

I_{DQ}(이론) = [mA]

3 2N5486 JFET의 핀 아웃을 확인한 후, 실제로 그림 10.8의 회로를 구성하고, 디지털 멀티미터를 이용해 V_{GSQ}와 I_{DQ}를 직접 측정하시오.

V_{GSQ}(측정) = [V]

I_{DQ}(측정) = [mA]

4 식 (10.5)를 이용해 V_{DS}, V_S, V_G, V_D를 계산하고, 또한 디지털 멀티미터를 이용해 직접 측정하시오.

[5] 위 과정 [2]~[4]의 내용을 표 10.2에 정리하시오.

표 10.2 JFET 자기 바이어스 회로 파라미터(R_S = 300 Ω)

회로 파라미터	이론값	측정값
V_{GSQ} [V]		
I_{DQ} [mA]		
V_{DS} [V]		
V_S [V]		
V_G [V]		
V_D [V]		

[6] 그림 10.8에서 R_S를 1.5 kΩ으로 교체하고, 위 과정 [2]~[4]를 반복한 뒤 그림 10.10과 표 10.3을 완성하시오.

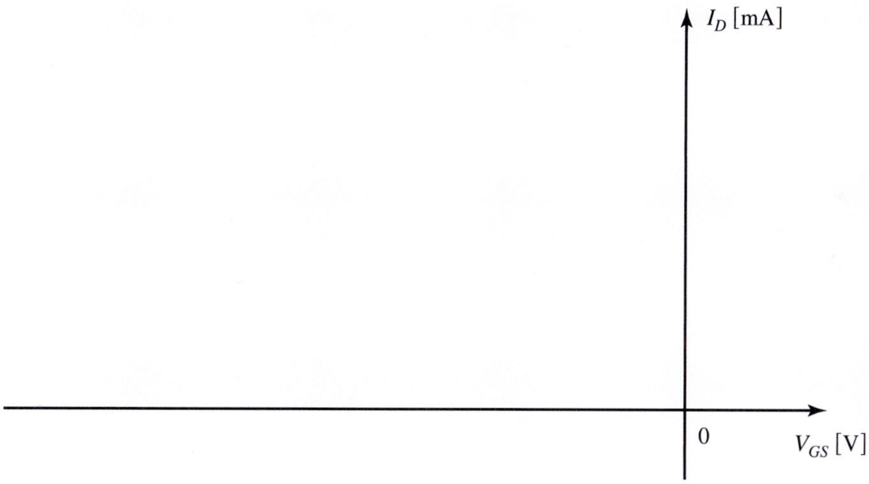

그림 10.10 JFET의 전달 특성 그래프와 자기 바이어스 그래프의 교차점(동작점) 추출(R_S = 1.5 kΩ)

표 10.3 JFET 자기 바이어스 회로 파라미터($R_S = 1.5\ \text{k}\Omega$)

회로 파라미터	이론값	측정값
V_{GSQ} [V]		
I_{DQ} [mA]		
V_{DS} [V]		
V_S [V]		
V_G [V]		
V_D [V]		

[7] 표 10.2와 10.3의 결과를 비교하였을 때, R_S 값 변화에 따른 동작점의 변화를 확인하시오.

[8] 표 10.2와 10.3에서 정리한 이론값과 측정값을 각각 비교하고, 각 파라미터별 값의 차이를 발생시키는 원인에 대해 논하시오.

MEMO

실험 11
JFET 전압 분배 바이어스

11.1 실험 목표

○ JFET의 전압 분배 바이어스 회로의 특성을 이해할 수 있다.
○ 전압 분배 바이어스 방정식과 JFET의 전달 특성 방정식의 교차점(동작점)을 구할 수 있다.
○ 동작점 설정을 위한 실제적인 바이어스 회로를 구성할 수 있다.

11.2 필요 장비 및 부품

● 디지털 멀티미터(Digital Multimeter)
● 직류 전력 공급기(DC Power Supply)
● 2N5486 N-채널 JFET 또는 등가 소자
● 저항(Resistor): 560 Ω, 820 Ω, 30 kΩ, 100 kΩ
● 브레드보드(Breadboard)

11.3 이론 요약

11.3.1 전압 분배 바이어스 회로

실험 9에서 설명하였듯이, JFET는 구조적으로 공핍 모드만 존재하고 증가 모드는 존재하지 않으므로 그림 11.1에서 보인 $I_G = 0$이다.

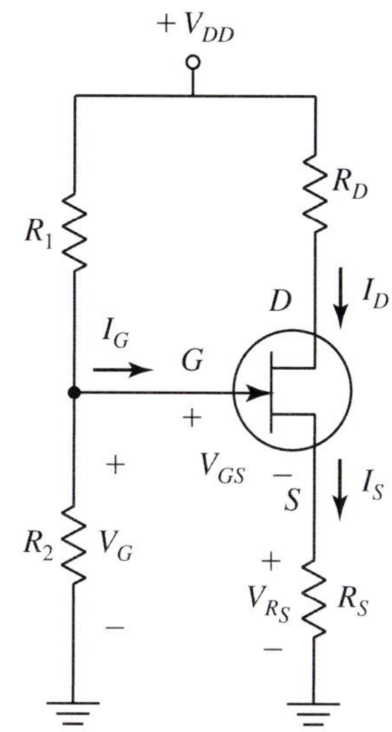

그림 11.1 JFET 전압 분배 바이어스 회로

$$I_G = 0 \rightarrow I_{R_1} = I_{R_2}$$

$$V_G = \frac{R_2 V_{DD}}{R_1 + R_2} \quad \left| \quad \begin{aligned} & V_G(R_1 + R_2) = R_2 V_{DD} \\ & \text{here, } V_G = I_{R_2} R_2 \\ & \qquad V_{DD} = I_{R_2}(R_1 + R_2) \end{aligned} \right. \tag{11.1}$$

또한 입력 측에 KVL을 적용해 보면,

$$\begin{aligned} & V_G - V_{GS} - V_{R_S} = 0 \\ & \therefore\ V_{GS} = V_G - V_{G_S} \\ & \therefore\ V_{GS} = V_G - I_D R_S \end{aligned} \tag{11.2}$$

V_{GS}는 원점을 지나지 않는 가로축(V_{GS})과 세로축(I_D)의 절편을 모두 가지는 1차 함수 형태이며, V_G와 R_S 각각에 의해 기울기가 조절된다.

전체 $+V_{DD}$ 중 R_2 양단에 걸리는 전압만 고려되므로 '전압 분배 바이어스'라 불리며, 위 식 (11.2)는 전압 분배 바이어스 방정식을 나타낸다. 이 1차 함수를 그리는 방법은 함수가 지나는 두 점을 찾아 그 두 점을 직선으로 이으면 된다. 예를 들어, 이 함수의 가로축 및 세로축의 절편을 구하고 두 점 사이의 직선을 그리면 된다. 좀 더 상세히 설명해 보면, 식 (11.2)에서, $I_D = 0$일 때 가로축 절편은 $V_{GS} = V_G$가 되고 식 (11.1)로 정리될 수 있으며,

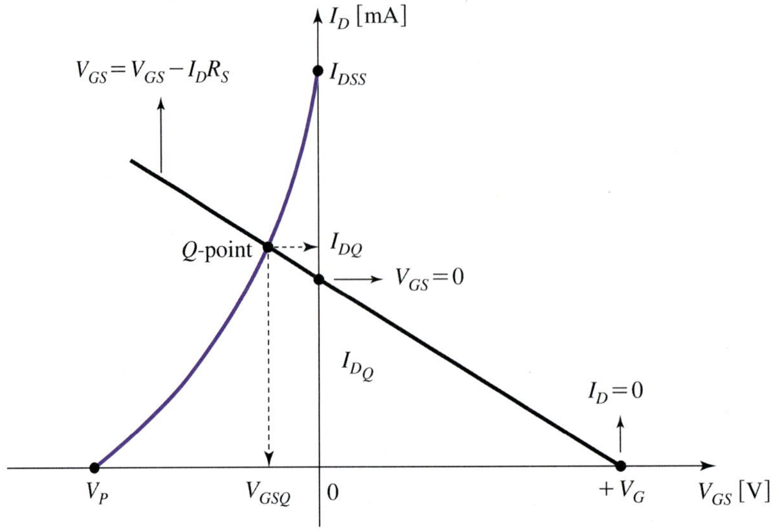

그림 11.2 JFET의 전달 특성 그래프와 전압 분배 바이어스 그래프의 교차점(동작점) 추출

$V_{GS}=0$일 때 세로축 절편은 $I_D = V_G/R_S$로 정리되므로 이 두 절편을 직선으로 이으면 된다.

JFET의 전달 특성 방정식은 실험 10의 이론 요약 10.3.1의 식 (10.2)이며, 임의의 세 점의 위치를 정하고 그래프를 그리는 방법은 그림 10.2에서와 동일하다.

위 식 (11.2)에서 보인 전압 분배 바이어스 방정식과 그림 10.2에서 보인 JFET의 전달 특성 방정식을 중첩하여 그래프로 나타내면 그림 11.2와 같고, 두 그래프가 만나는 교차점이 동작점(V_{GSQ}, I_{DQ})이 된다.

교차점을 구하는 방법은 두 가지가 있으며 실험 10의 이론 요약 10.3.1에서 설명한 것과 동일하다.

또한 드레인단과 소스단 사이에 KVL을 적용해 보면,

$$V_{DD}-I_DR_D-V_{DS}-I_DR_S=0 \mid I_S=I_D$$

$$\therefore\ V_{DS}=V_{DD}-I_D(R_D+R_S)$$

추가적으로,
$$\left|\begin{aligned} V_D &= V_{DD}-I_DR_D \\ V_S &= I_DR_S \\ I_{R_1} &= I_{R_2} = V_{DD}/(R_1+R_2) \end{aligned}\right. \quad (11.3)$$

11.4 실험 과정

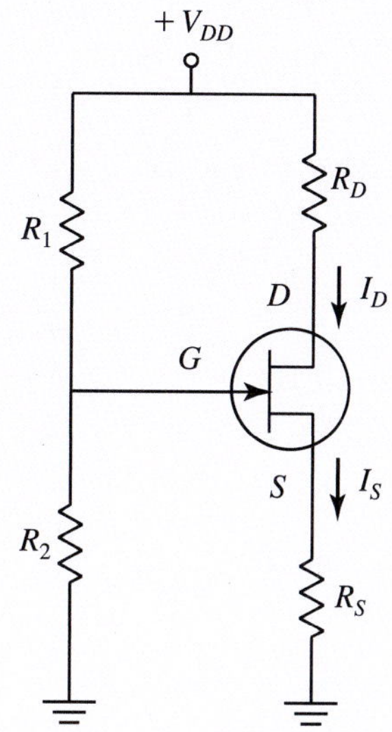

그림 11.3 JFET 전압 분배 바이어스 회로

① 그림 11.3 회로의 이론적 특성값을 구하기 위해 $R_1 = 100$ kΩ, $R_2 = 30$ kΩ, $R_D =$ 820 Ω, $R_S = 560$ Ω, $V_{DD} = 20$ V의 값을 적용하시오.

② 2N5486 JFET의 I_{DSS}와 V_P는 실험 9의 실험 과정 9.4에서 얻은 I_{DSS}와 V_P 값을 사용하고, 식 (11.1)과 (11.2)를 이용해 V_G와 전압 분배 바이어스 방정식의 I_D(@ $V_{GS} = 0$)를 각각 계산하시오.

V_G(이론) = [V]

I_D(@ $V_{GS} = 0$)(이론) = [mA]

③ 실험 10의 식 (10.2)와 실험 11의 식 (11.2)에서 나타낸 JFET 전달 특성 방정식과 전압 분배 바이어스 방정식을 각각 그림 11.4에 중첩하여 그래프로 나타내고 동작점 V_{GSQ}와 I_{DQ}를 추출(계산)하시오.

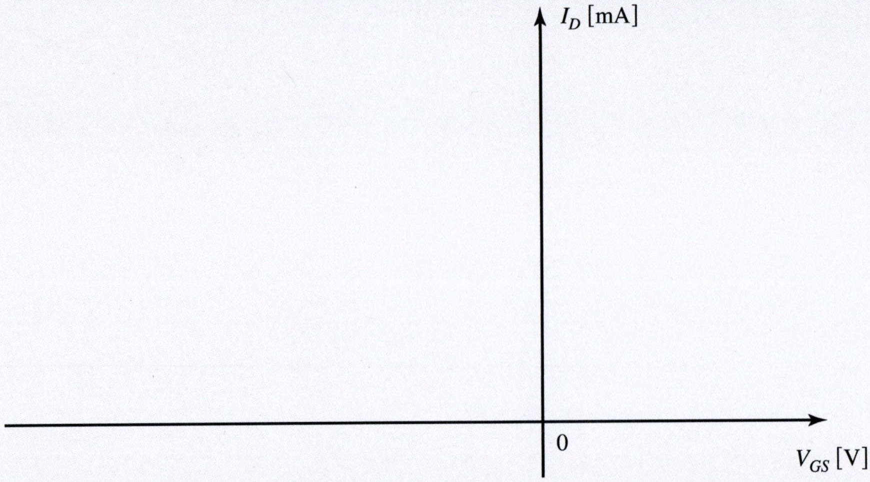

그림 11.4 JFET의 전달 특성 그래프와 전압 분배 바이어스 그래프의 교차점(동작점) 추출(R_S = 560 Ω)

V_{GSQ}(이론) = [V]

I_{DQ}(이론) = [mA]

4 2N5486 JFET의 핀 아웃을 확인한 후, 실제로 그림 11.3의 회로를 구성하고, 디지털 멀티미터를 이용해 V_{GSQ}와 I_{DQ}를 직접 측정하시오.

V_{GSQ}(측정) = [V]

I_{DQ}(측정) = [mA]

5 식 (11.3)을 이용해 V_{DS}, V_D, V_S를 계산하고, 또한 디지털 멀티미터를 이용해 직접 측정하시오.

6 위 과정 2~5의 내용을 표 11.1에 정리하시오.

표 11.1 JFET 전압 분배 바이어스 회로 파라미터(R_S= 560 Ω)

회로 파라미터	이론값	측정값
V_G [V]		
V_{GSQ} [V]		
I_{DQ} [mA]		
V_{DS} [V]		
V_D [V]		
V_S [V]		

7 그림 11.3에서 R_S를 2 kΩ으로 교체하고, 위 과정 2~5를 반복한 뒤 그림 11.5와 표 11.2를 완성하시오.

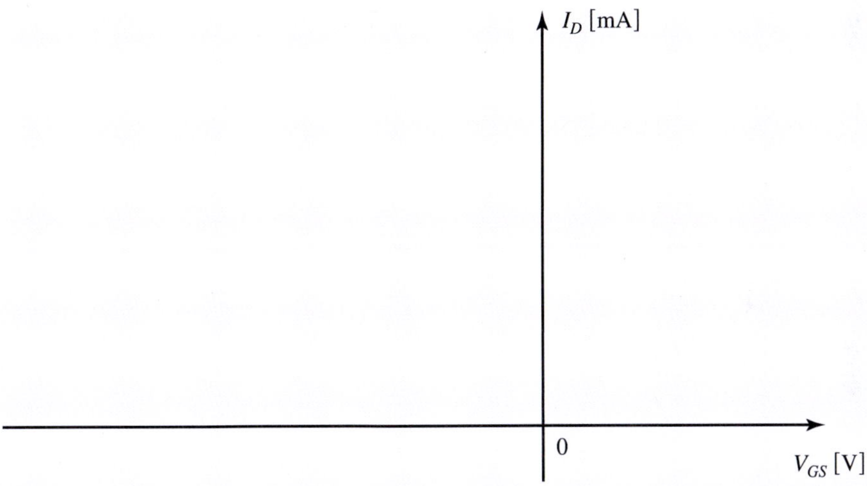

그림 11.5 JFET의 전달 특성 그래프와 전압 분배 바이어스 그래프의 교차점(동작점) 추출(R_S = 2 kΩ)

V_{GSQ}(이론) = [V]

I_{DQ}(이론) = [mA]

표 11.2 JFET 전압 분배 바이어스 회로 파라미터($R_S = 2\ \text{k}\Omega$)

회로 파라미터	이론값	측정값
V_G [V]		
V_{GSQ} [V]		
I_{DQ} [mA]		
V_{DS} [V]		
V_D [V]		
V_S [V]		

8 표 11.1과 표 11.2의 결과를 비교하였을 때, R_S 값 변화에 따른 동작점의 변화를 확인하시오.

9 표 11.1과 표 11.2에서 보인 각각의 이론값과 측정값의 차이를 발생시키는 원인에 대해 논하시오.

MEMO

실험 12
공통 소스 증폭기

12.1 실험 목표

○ 자기 바이어스 회로를 실제 구성하여 공통 소스(source) 증폭기에 DC 전원을 공급할 수 있다.

○ 자기 바이어스 방정식과 JFET의 전달 특성 방정식의 교차점(동작점)을 구할 수 있다.

○ 소신호 해석을 통한 증폭기의 교류 전압이득 이론값과 실제 출력 전압 측정을 통한 증폭기의 전압이득 측정값을 서로 비교할 수 있다.

12.2 필요 장비 및 부품

● 디지털 멀티미터(Digital Multimeter)

● 직류 전력 공급기(DC Power Supply)

● 함수 발생기(Function Generator)

● 오실로스코프(Oscilloscope)

● 2N5486 N-채널 JFET 또는 등가 소자

● 저항(Resistor): 300 Ω, 1 kΩ, 10 kΩ, 1 MΩ

● 커패시터(Capacitor): 15 μF, 100 μF

● 브레드보드(Breadboard)

12.3 이론 요약

12.3.1 FET 소신호 모델

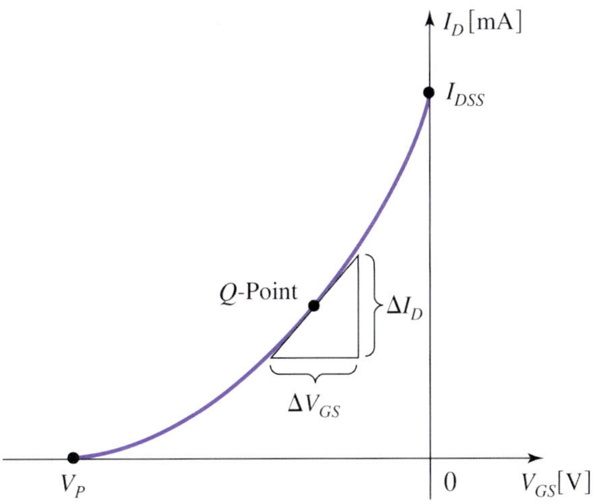

그림 12.1 JFET의 전달 컨덕턴스 g_m

게이트단과 소스단 사이의 전압 변화율에 의한 드레인 전류의 변화율로부터 전달 컨덕턴스 g_m은 다음과 같다.

$$g_m = \frac{\Delta I_D}{\Delta V_{GS}} \text{ [S, Siemens]} \tag{12.1}$$

그림 12.1에서 보인 동작점(Q-point)에서의 전달 컨덕턴스를 구하면 한 점에서의 변화율, 즉 상미분 방정식(ordinary differential equation) 형태로 표현 가능하고, 또한 JFET의 전달 특성 방정식을 대입하면 다음과 같이 정리된다.

$$g_m = \frac{2I_{DSS}}{|V_p|}\left(1 - \frac{V_{GS}}{V_P}\right) \text{ [S]} \tag{12.2}$$

JFET는 구조적으로 공핍 모드만 존재(실험 9 참고)하고 증가 모드는 존재하지 않아 $I_G = 0$이므로 JFET의 입력 임피던스는 다음과 같이 정리되며, 일반적으로 $10^9\Omega$ 근방 값을 갖는다.

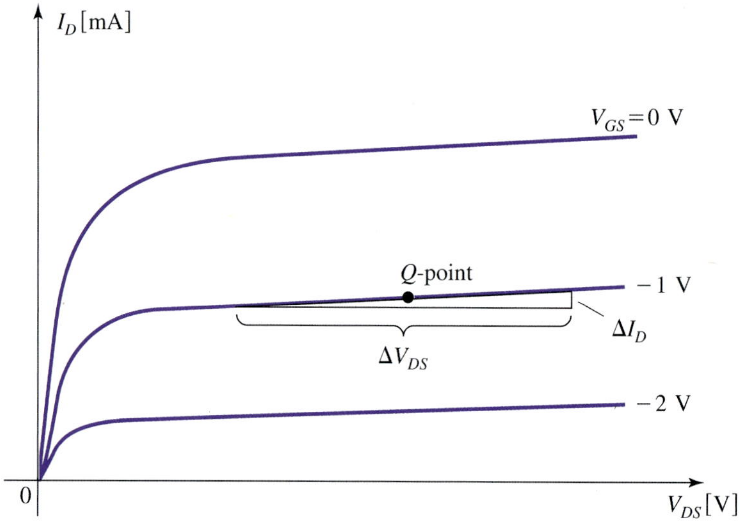

그림 12.2 JFET 드레인 특성 그래프

$$Z_i(\text{JFET}) = \infty \quad [\Omega] \tag{12.3}$$

그림 12.2에서 보인 JFET 드레인 특성 곡선으로부터 JFET의 출력 임피던스는 다음과 같이 정리되며, 일반적으로 수십에서 수백 kΩ의 값을 갖는다.

$$Z_o(\text{JFET}) = r_d = \frac{1}{g_{os}} = \frac{1}{y_{os}} = \left.\frac{\Delta V_{DS}}{\Delta I_D}\right|_{V_{GS}\text{는 일정}} \quad [\Omega] \tag{12.4}$$

위에서 보인 특성을 바탕으로 JFET의 교류 등가회로를 제시하면 그림 12.3과 같고, v_{gs}에 의해 $g_m v_{gs}$, 즉 $i_d(g_m v_{gs} = (i_d/v_{gs})v_{gs} = i_d)$가 조절되는 구조이다.

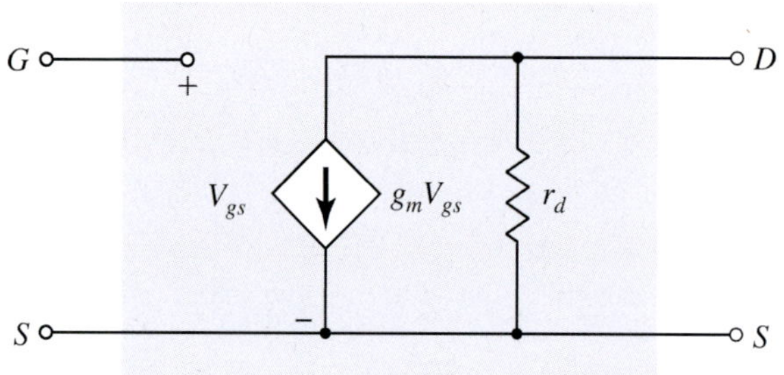

그림 12.3 공통 소스 회로의 교류 등가회로

12.3.2 교류 해석(소신호 해석)

먼저, 직류 관련 소자(커패시터, DC 전압원)를 제거(short)한다.

트랜지스터 부분을 그림 12.3의 π-model로 대체한다.

전체 회로의 응답을 결정한다.

12.3.3 전체 회로 해석

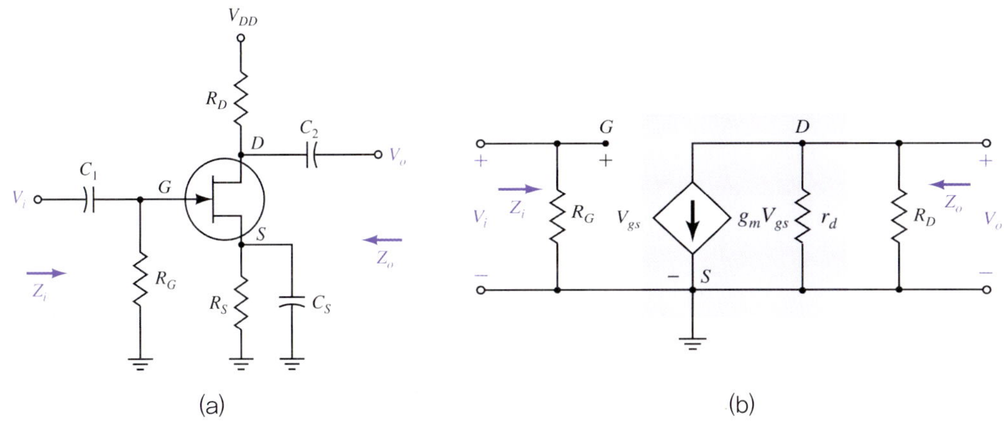

그림 12.4 자기 바이어스를 포함하는 (a) 공통 소스 증폭기의 (b) 소신호 해석

12.3.3.1 직류 해석

그림 12.4(a)에 보인 회로는 실험 10의 그림 10.4에서 보인 회로와 DC 특성은 같으므로 V_{GSQ}, I_{DQ}, V_{DS}, V_S, V_G, V_D는 실험 10의 10.3.2에서의 설명과 동일하다.

12.3.3.2 교류 해석

그림 12.4(a)의 회로에서 직류 관련 소자를 제거(short)하고 트랜지스터를 모델링하면 그림 12.4(b)의 회로로 등가화된다. 이를 교류 해석해 보면,

$Z_i = R_G$ (12.5)

$Z_o = r_d \parallel R_D$ | $v_{\text{in}} \to 0$ (입출력 격리도 위해) → $g_m V_{gs} = 0$

$\simeq R_D \,|_{r_d \geq 10R_D}$ | $\therefore\ g_m v_{gs} = 0$ (12.6)

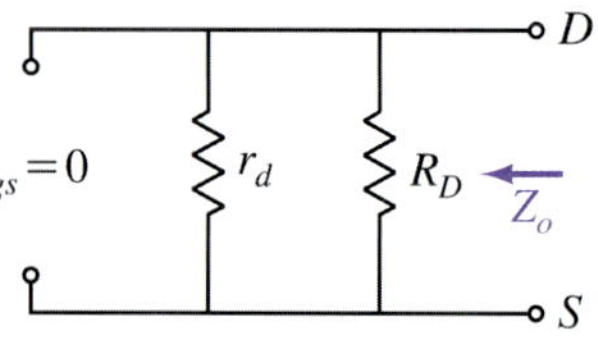

$A_v = -g_m(r_d \parallel R_D)$ | $v_{out} = -i_o(r_d \parallel R_D)$ | here $i_0 = g_m v_{gs}$

$\simeq -g_m R_D \,|_{r_d \geq 10R_D}$ | 또한 r_d로는 전류흐름 거의 없음

$\therefore\ v_{out} = -g_m v_{gs}(r_d \parallel R_D)$ | here, $v_{gs} = v_{in}$

$\therefore\ v_{out}/v_{in} = -g_m(r_d \parallel R_D)$ (12.7)

$A_i =$ 정의 × (12.8)

12.4 실험 과정

12.4.1 공통 소스 증폭기의 직류 해석

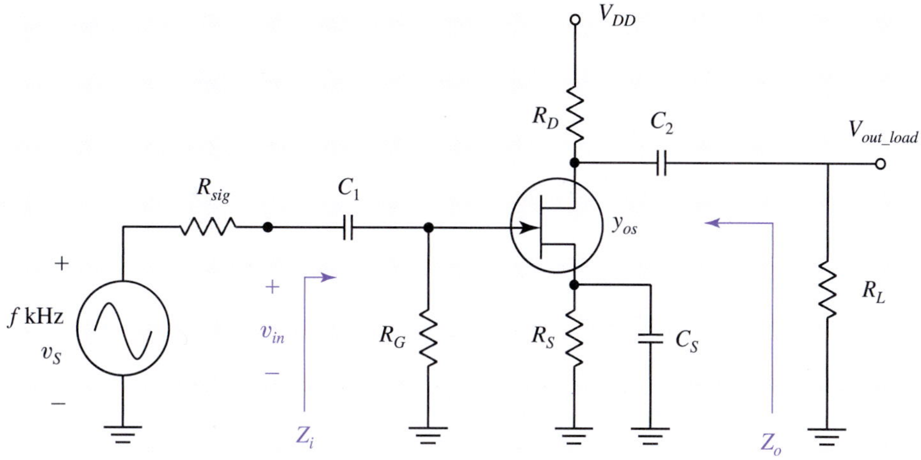

그림 12.5 자기 바이어스를 포함하는 공통 소스 증폭기

1 그림 12.5 회로의 이론적 특성값을 구하기 위해 $R_{sig}=1$ MΩ, $R_G=1$ MΩ, $R_D=1$ kΩ, $R_S=300$ Ω, $R_L=10$ kΩ, $C_1=15$ μF, $C_2=15$ μF, $C_E=100$ μF, $V_{DD}=20$ V, $y_{os}=75$ μS의 값을 적용하시오.

2 2N5486 JFET의 I_{DSS}와 V_P는 실험 9의 실험 과정 9.4에서 얻은 값을 사용하고, V_{GSQ}와 I_{DQ}는 실험 10의 실험 과정 10.4.2에서 추출한 값을 사용하여 표 12.1에 정리하시오.

표 12.1 자기 바이어스를 포함하는 공통 소스 증폭기의 직류 파라미터

회로 파라미터	이론값	측정값
I_{DSS} [mA]		
V_P [V]		
V_{GSQ} [V]		
I_{DQ} [mA]		
V_{DS} [V]		
V_S [V]		
V_G [V]		
V_D [V]		

[3] 이론 요약 12.3.3에서 보인 V_{DS}, V_S, V_G, V_D의 값을 계산하고, 또한 직접 측정하여 표 12.1에 정리하시오.

[4] 표 12.1에서 정리한 이론값과 측정값을 각각 비교하고, 두 값의 차이를 발생시키는 원인에 대해 논하시오.

12.4.2 공통 소스 증폭기의 교류 해석

[1] 식 (12.2)를 이용하여 2N5486 JFET의 전달 컨덕턴스 g_m을 계산하시오. 참고로, 2N5486 JFET의 I_{DSS}, V_P, V_{GSQ}는 표 12.1의 값을 사용하시오.

g_m(이론)= [mS]

[2] 식 (12.4)를 이용하여 2N5486 JFET의 출력 임피던스 r_d를 계산하시오.

r_d(이론)= [kΩ]

[3] 그림 12.5에서 R_{sig}를 단락시키고, 증폭기의 무부하(R_L은 개방) 전압이득 A_v[그림 12.4(a) 참고]를 식 (12.7)을 이용해 계산하시오.

A_v(이론) =

4 $f = 1$ kHz인 $v_s = 100$ mV 교류 신호를 인가한 뒤, 오실로스코프나 디지털 멀티미터를 이용해 출력 전압을 측정하고, 그 측정값을 사용해 무부하 전압이득을 계산하시오.

v_{out}(측정) = [V]

A_v(측정에 의한 계산) =

5 다음 식을 이용해 $R_L = 10$ kΩ일 때의 부하 전압이득(A_{v_load})을 계산하시오.

$$A_{v\_load} = -g_m(r_d \parallel R_D \parallel R_L)$$

$$\simeq -g_m(R_D \parallel R_L) \quad | \; r_d \geq 10(R_D \parallel R_L) \text{일 때}$$

A_{v_load}(이론) =

6 그림 12.5의 회로를 구성(R_{sig}는 단락, $R_L = 10$ kΩ)하고, $f = 1$ kHz인 $v_s = 100$ mV 교류 신호를 인가한 뒤, 오실로스코프나 디지털 멀티미터를 이용해 출력 전압을 측정하고, 그 측정값을 사용해 부하 전압이득을 계산하시오.

v_{out_load}(측정) = [V]

A_{v_load}(측정에 의한 계산) =

7 $f = 1$ kHz인 $v_s = 100$ mV의 인가된 교류 신호와 위 과정 4와 6에서 얻은 v_{out}와 v_{out_load} 파형 모두를 한 주기 이상 그림 12.6에 중첩하여 그리시오.

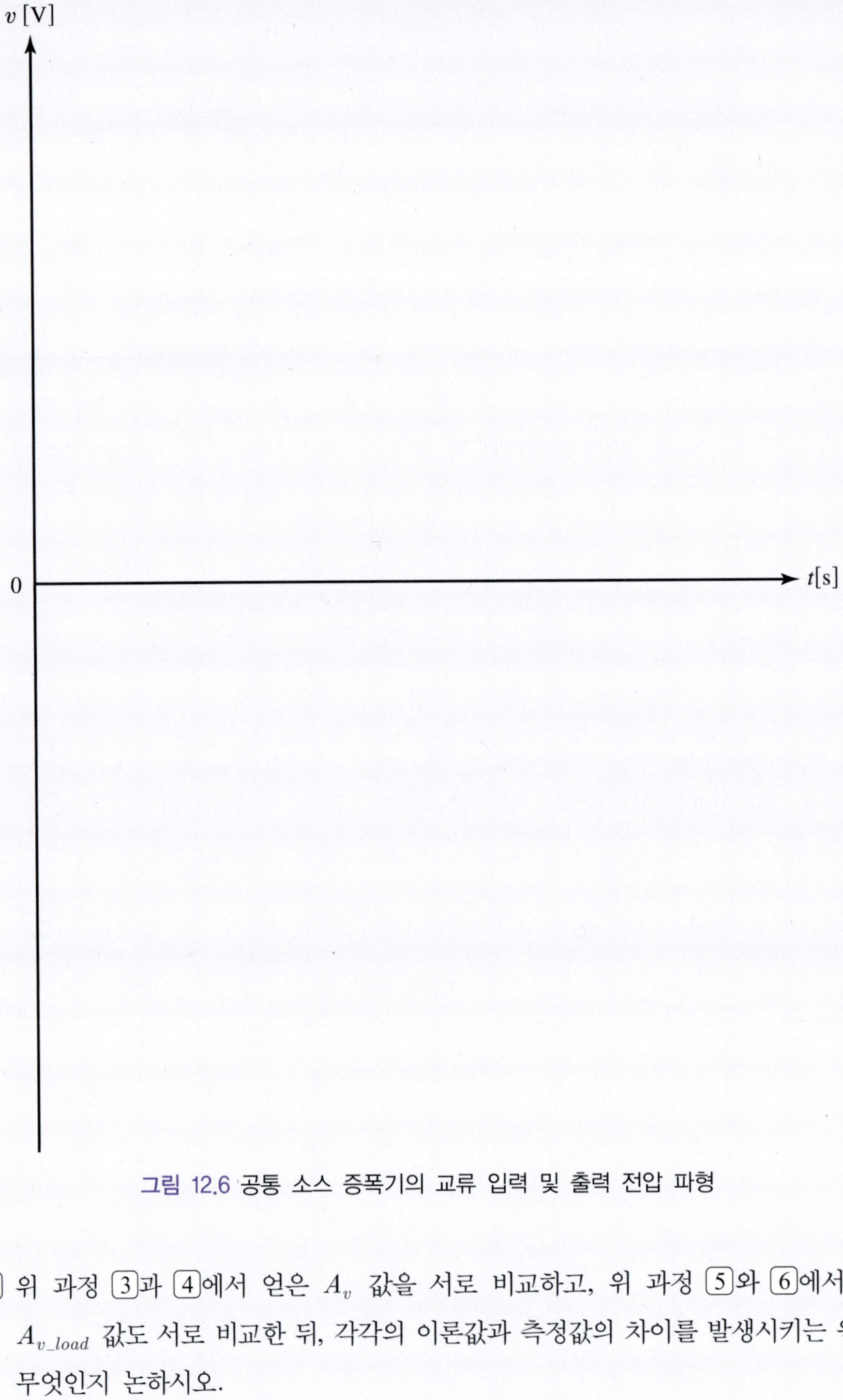

그림 12.6 공통 소스 증폭기의 교류 입력 및 출력 전압 파형

[8] 위 과정 [3]과 [4]에서 얻은 A_v 값을 서로 비교하고, 위 과정 [5]와 [6]에서 얻은 A_{v_load} 값도 서로 비교한 뒤, 각각의 이론값과 측정값의 차이를 발생시키는 원인이 무엇인지 논하시오.

9 R_L을 개방하고, 식 (12.5)를 이용하여 Z_i를 계산하시오.

Z_i(이론) = [MΩ]

10 Z_i를 측정하기 위해 그림 12.5의 회로를 구성($R_{sig}=1$ MΩ, R_L은 개방)하고, $f=1$ kHz인 $v_s=100$ mV 교류 신호를 인가한 뒤, v_{in}을 측정하시오.

v_{in}(측정) = [V]

11 다음 식을 이용해 Z_i를 계산하시오.

$$Z_i = \frac{v_{in}(\text{측정})}{(v_s - v_{in}(\text{측정}))} R_{sig}$$

Z_i(측정에 의한 계산) = [MΩ]

12 R_{sig}를 단락하고, 식 (12.6)을 이용하여 Z_o를 계산하시오.

Z_o(이론) = [kΩ]

13 Z_o를 측정하기 위해 그림 12.5의 회로를 구성(R_{sig} = 단락, $R_L=10$ kΩ)하고, 위 순서 4와 6에서 각각 측정한 v_{out}, v_{out_load}, 그리고 다음 식을 이용해 Z_o를 계산하시오.

$$Z_o = \frac{v_{out} - v_{out\_load}}{v_{out\_load}} R_L$$

Z_o(측정에 의한 계산) = [kΩ]

14 위 과정 9와 11에서 얻은 Z_i 값을 서로 비교하고, 위 과정 12와 13에서 얻은 Z_o 값도 서로 비교한 뒤, 각각의 이론값과 측정값의 차이를 발생시키는 원인이 무엇인지 논하시오.

MEMO

실험 13
반전 증폭기와 비반전 증폭기

13.1 실험 목표

○ 이상적 연산 증폭기(operational amplifier)의 특성을 이해할 수 있다.

○ 가상 단락의 개념을 이해하고, 실제로 회로의 해석에 적용할 수 있다.

○ 반전 및 비반전 증폭기를 구성하여 출력 파형을 통한 전압이득을 제시하고, 이론과 비교할 수 있다.

13.2 필요 장비 및 부품

- 직류 전력 공급기(DC Power Supply)
- 함수 발생기(Function Generator)
- 오실로스코프(Oscilloscope)
- μA741 IC
- 저항(Resistor): 10 kΩ, 20 kΩ, 50 kΩ, 100 kΩ
- 브레드보드(Breadboard)

13.3 이론 요약

13.3.1 이상적 연산 증폭기

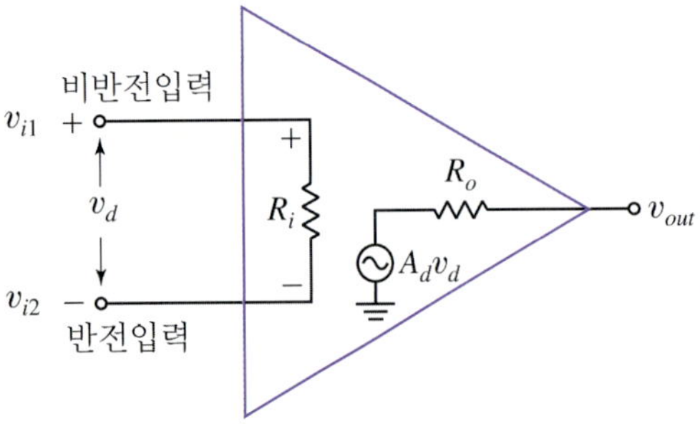

- 특징
  - 입력 임피던스 $R_i = \infty$ $(i_1 = i_2 = 0)$
    → 실제로는 수 MΩ
  - 출력 임피던스 $R_0 = 0$
    → 실제로는 < 100 Ω
  - 전압이득 $A_v = \infty$
  - 주파수 대역폭 $= \infty$

cf) 실제 op-amp(741 C)의 주요 특성

$A_v = 100{,}000$

$R_i = 2$ MΩ

$R_o = 75$ Ω

그림 13.1 이상적 연산 증폭기의 등가회로 및 특징

13.3.2 반전 증폭기

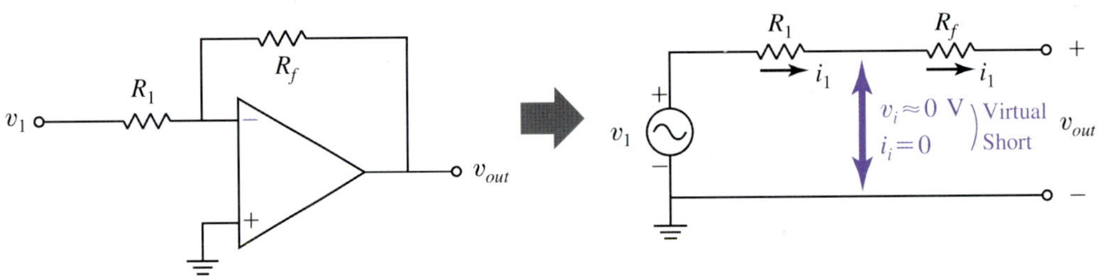

(a) (b)

그림 13.2 (a) 반전 증폭기와 (b) 가상 단락 개념을 이용한 등가회로

그림 13.2(a)에 보인 반전 증폭기를 가상 단락(virtual short) 개념을 이용하면 그림 13.2(b)의 회로로 등가화되어 다음 식으로 정리된다.

$$i_1 = \frac{v_1}{R_1} = -\frac{v_{out}}{R_f} \tag{13.1}$$

$$\therefore \quad \frac{v_{out}}{v_1} = -\frac{R_f}{R_1} \tag{13.2}$$

13.3.3 비반전 증폭기

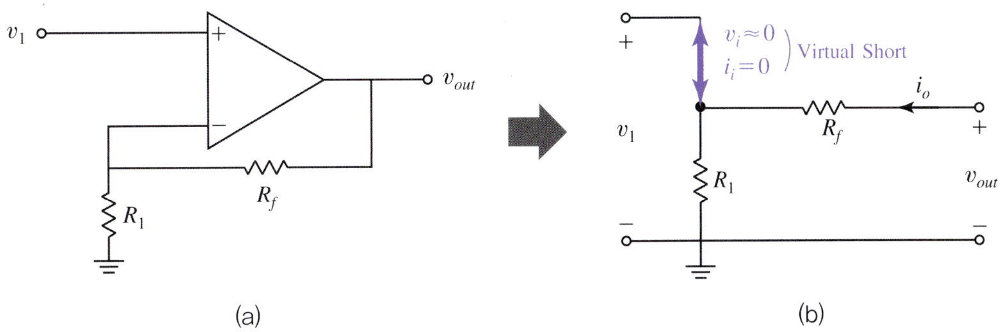

그림 13.3 (a) 비반전 증폭기와 (b) 가상 단락 개념을 이용한 등가회로

그림 13.3(a)에 보인 비반전 증폭기를 가상 단락(virtual short) 개념을 이용하면 그림 13.3(b)의 회로로 등가화되어 다음 식으로 정리된다.

$$v_1 = i_o R_1 \tag{13.3}$$

$$v_{out} = i_o (R_f + R_1) \tag{13.4}$$

$$\therefore \quad \frac{v_{out}}{v_1} = \frac{R_1 + R_f}{R_1} = 1 + \frac{R_f}{R_1} \tag{13.5}$$

13.3.4 μA741 IC의 핀 배치도(Pinout)

실험에서 사용되는 μA741의 구조와 핀 아웃은 그림 13.4와 같다.

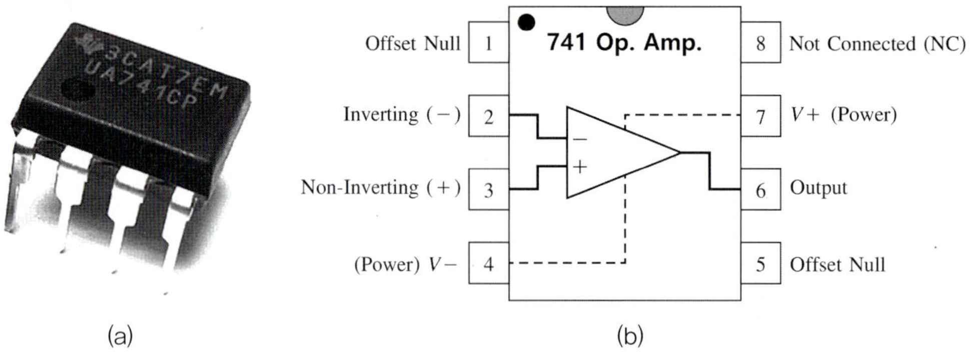

그림 13.4 (a) μA741 IC의 구조와 (b) 핀 배치도(이미지 출처: https://www.walmart.com/ip/Texas-Instruments-UA741CP-UA741-Operational-Amplifier-OpAmp-DIP-8-IC-Pack-of-6/698471510)

13.4 실험 과정

13.4.1 반전 증폭기

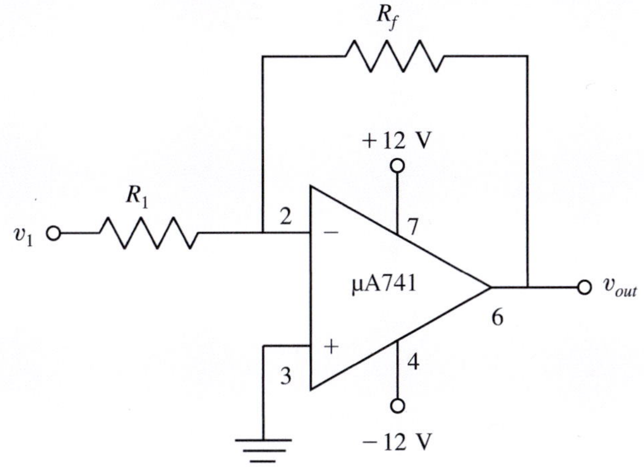

그림 13.5 반전 증폭기

① 그림 13.5 회로의 이론적 특성값을 구하기 위해 $R_1 = 10$ kΩ, $R_f = 100$ kΩ의 값을 적용하시오.

② 식 (13.2)를 이용해 그림 13.5 회로의 v_{out}/v_1(이론)을 구하고, 표 13.1에 기록하시오.

표 13.1 반전 증폭기 v_{out}/v_1(이론)

R_1 [kΩ]	R_f [kΩ]	v_{out}/v_1 (이론)
10	100	
20		
50		
100		

③ $R_f = 100$ kΩ으로 고정하고, 표 13.1에 보인 나머지 R_1 값에 대한 각각의 v_{out}/v_1(이론)을 구하고, 표 13.1을 완성하시오.

실험 13 반전 증폭기와 비반전 증폭기

4 μA741의 핀 아웃을 확인하고, 그림 13.5의 회로($R_1 = 10$ kΩ, $R_f = 100$ kΩ)를 실제로 구성하고 $f = 1$ kHz인 $v_1 = 1$ V 교류 신호를 인가한 뒤, 오실로스코프를 이용해 정확한 v_{out}을 측정하고 그 결과를 표 13.2에 기록하시오.

표 13.2 **반전 증폭기 v_{out}/v_1(측정)**

v_1 [V]	R_1 [kΩ]	R_f [kΩ]	v_{out} (측정) [V]	v_{out}/v_1 (측정)
1	10	100		
	20			
	50			
	100			

5 위 과정 4의 데이터를 바탕으로 측정된 v_{out}/v_1을 추출하여 표 13.2에 기록하시오.

6 위 과정 4의 입력과 출력 파형을 오실로스코프의 채널 1과 채널 2에서 동시에 측정하고 그 파형들을 그림 13.6에 중첩하여 나타내어 반전 증폭이 이루어지는지 확인하시오.

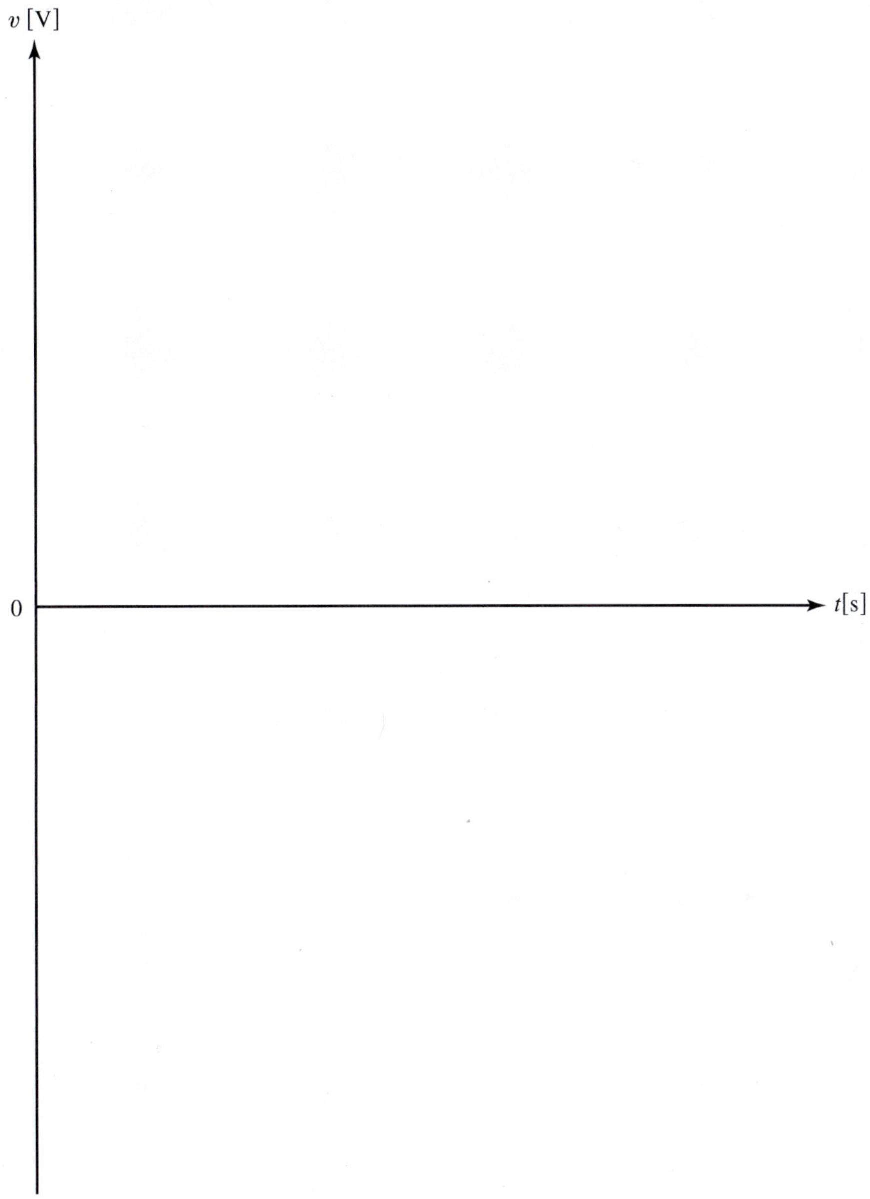

그림 13.6 반전 증폭기의 측정된 입력 및 출력 파형

7 $v_1 = 1$ V, $R_f = 100$ kΩ으로 고정하고, 표 13.2에 보인 나머지 R_1 값에 대하여 위 과정 4~5를 반복하여 표 13.2를 완성하시오.

8 표 13.1과 표 13.2에서 얻은 v_{out}/v_1(이론)과 v_{out}/v_1(측정)의 값을 서로 비교하고, 두 값의 차이가 있다면 차이를 발생시키는 원인이 무엇인지 논하시오.

13.4.2 비반전 증폭기

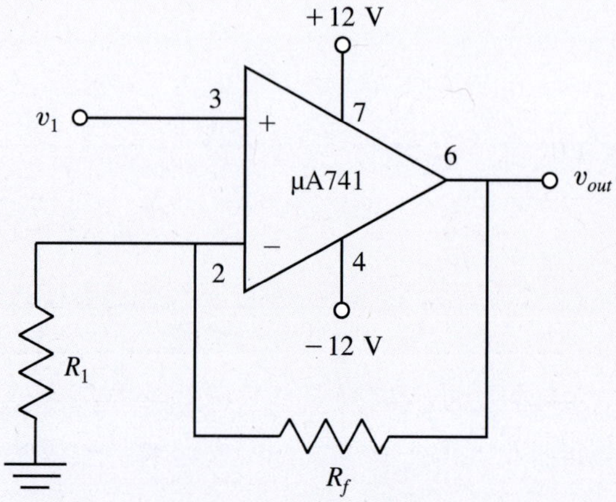

그림 13.7 비반전 증폭기

1 그림 13.7 회로의 이론적 특성값을 구하기 위해 $R_1 = 10$ kΩ, $R_f = 100$ kΩ의 값을 적용하시오.

2 식 (13.5)를 이용해 그림 13.7 회로의 v_{out}/v_1(이론)을 구하고, 표 13.3에 기록하시오.

표 13.3 비반전 증폭기 v_{out}/v_1(이론)

R_1 [kΩ]	R_f [kΩ]	v_{out}/v_1 (이론)
10	100	
20		
50		
100		

③ $R_f = 100\ \mathrm{k\Omega}$으로 고정하고, 표 13.3에 보인 나머지 R_1 값에 대한 각각의 v_{out}/v_1(이론)을 구하고, 표 13.3을 완성하시오.

④ μA741의 핀 아웃을 확인하고, 그림 13.7의 회로($R_1 = 10\ \mathrm{k\Omega}$, $R_f = 100\ \mathrm{k\Omega}$)를 실제로 구성하고 $f = 1\ \mathrm{kHz}$인 $v_1 = 1\ \mathrm{V}$ 교류 신호를 인가한 뒤, 오실로스코프를 이용해 정확한 v_{out}을 측정하고 그 결과를 표 13.4에 기록하시오.

표 13.4 **비반전 증폭기 v_{out}/v_1(측정)**

v_1 [V]	R_1 [kΩ]	R_f [kΩ]	v_{out} (측정) [V]	v_{out}/v_1 (측정)
1	10	100		
	20			
	50			
	100			

⑤ 위 과정 ④의 데이터를 바탕으로 측정된 v_{out}/v_1을 추출하여 표 13.4에 기록하시오.

⑥ 위 과정 ④의 입력과 출력 파형을 오실로스코프의 채널 1과 채널 2에서 동시에 측정하고 그 파형들을 그림 13.8에 중첩하여 나타내어 반전 증폭이 이루어지는지 확인하시오.

⑦ $v_1 = 1\ \mathrm{V}$, $R_f = 100\ \mathrm{k\Omega}$으로 고정하고, 표 13.4에 보인 나머지 R_1 값에 대하여 위 과정 ④~⑤를 반복하여 표 13.4를 완성하시오.

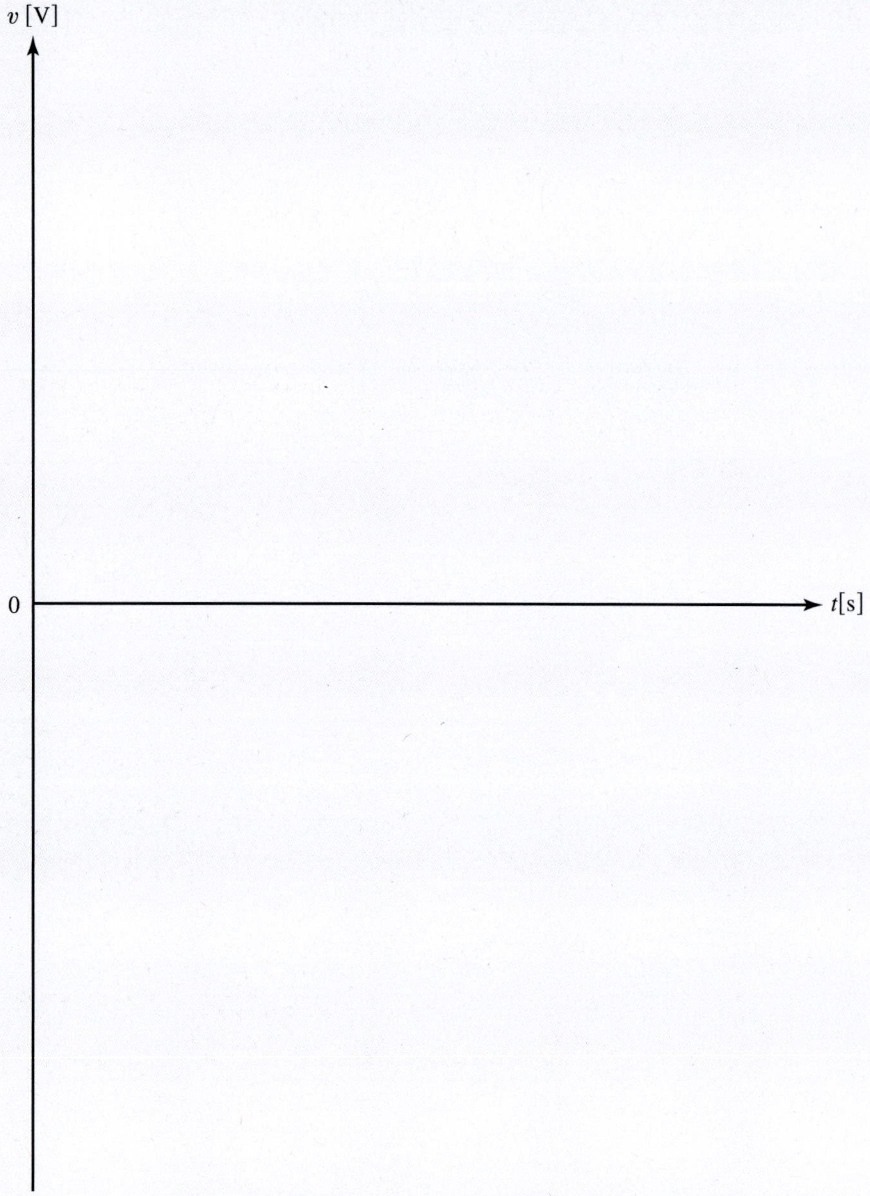

그림 13.8 비반전 증폭기의 측정된 입력 및 출력 파형

⑧ 표 13.3과 표 13.4에서 얻은 v_{out}/v_1(이론)과 v_{out}/v_1(측정)의 각 값을 서로 비교하고, 두 값의 차이가 있다면 차이를 발생시키는 원인이 무엇인지 논하시오.

MEMO

실험 14
가산기와 감산기

14.1 실험 목표

○ 가상 단락의 개념을 이해하고, 실제로 회로의 해석에 적용할 수 있다.
○ 가산기와 감산기를 구성하여 출력 파형을 통한 전압이득을 제시하고, 이론과 비교할 수 있다.

14.2 필요 장비 및 부품

- 직류 전력 공급기(DC Power Supply)
- 함수 발생기(Function Generator)
- 오실로스코프(Oscilloscope)
- μA741 IC
- 저항(Resistor): 10 kΩ, 20 kΩ, 50 kΩ, 100 kΩ
- 브레드보드(Breadboard)

14.3 이론 요약

14.3.1 가산기

그림 14.1(a)에 보인 가산기에 가상 단락 개념을 적용하면 그림 14.1(b)와 같이 등가화된다.

여기서

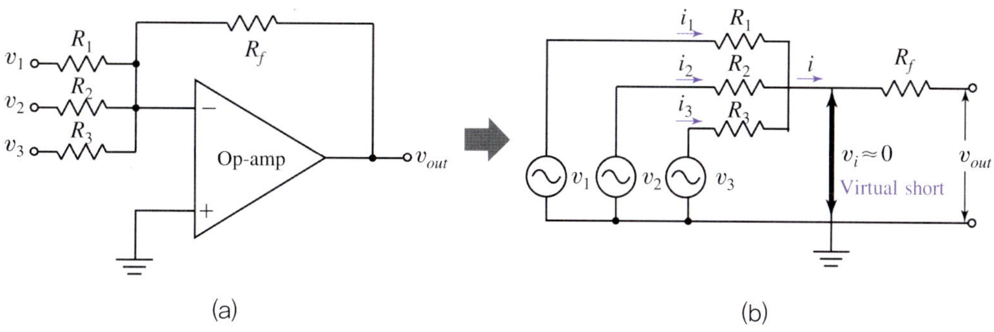

그림 14.1 (a) 가산기와 (b) 등가회로

$$
\begin{aligned}
i &= i_1 + i_2 + i_3 \\
&= \frac{v_1}{R_1} + \frac{v_2}{R_2} + \frac{v_3}{R_3} \\
v_{out} &= -i\ R_f \\
&= -R_f\left(\frac{v_1}{R_1} + \frac{v_2}{R_2} + \frac{v_3}{R_3}\right)
\end{aligned} \tag{14.1}
$$

또한, 여기서 $R_1 = R_2 = R_3 = R$이라 하면

$$
\begin{aligned}
v_{out} &= -i\ R_f \\
&= -\frac{R_f}{R}(v_1 + v_2 + v_3)
\end{aligned} \tag{14.2}
$$

하지만 반드시 $R_1 = R_2 = R_3$일 필요는 없다.

14.3.2 감산기

그림 14.2에 보인 감산기에 가상 단락 개념을 적용하여 출력 전압을 구한다.

여기서 1번 Op-amp의 출력 전압 v_{1o}과 입력 전압 v_2에 의한 각각의 출력을 중첩한다.

$$
v_{out} = v_{out1} + v_{out2} \quad \left| \begin{array}{l} \text{here, } v_{out1}:\ v_1\ \text{only}(v_2 = 0) \\ \qquad\quad v_{out2}:\ v_2\ \text{only}(v_1 = 0) \end{array} \right.
$$

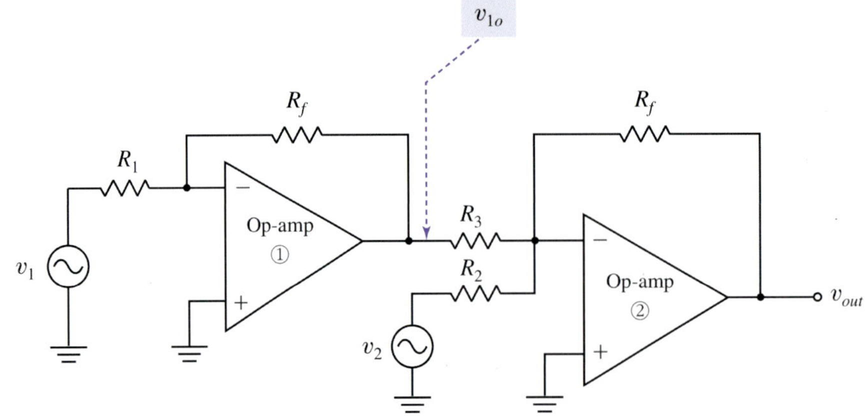

그림 14.2 감산기

v_{out1}에 관해 정리해 보면,

- 이때 v_2은 short 처리
- 1번 및 2번 Op-amp의 +− 입력 단자는 모두 가상 단락
- 따라서, 접지와 접지 사이의 R_2는 의미 없음

$$v_{1o} = -\frac{R_f}{R_1}v_1$$

$$\therefore\ v_{out1} = -\frac{R_f}{R_3}v_{1o} = -\frac{R_f}{R_3}\left(-\frac{R_f}{R_1}v_1\right)$$

v_{out2}에 관해 정리해 보면,

- 이때 v_1은 short 처리
- 1번 및 2번 Op-amp의 +− 입력 단자는 모두 가상 단락
- 따라서, 접지와 접지 사이의 R_1, R_f, R_3는 의미 없음 (2번 Op-amp의 R_f는 유효)

$$v_{out2} = -\frac{R_f}{R_2}v_2$$

$$\therefore\ v_{out} = v_{out1} + v_{out2} = -\left(\frac{R_f}{R_2}v_2 - \frac{R_f}{R_3}\frac{R_f}{R_1}v_1\right) \tag{14.3}$$

14.4 실험 과정

14.4.1 가산기

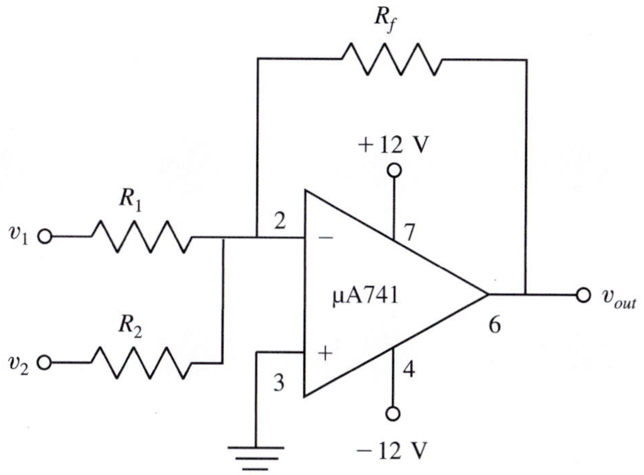

그림 14.3 가산기

1 그림 14.3 회로의 이론적 특성값을 구하기 위해 $R_1 = 10$ kΩ, $R_2 = 100$ kΩ, $R_f = 100$ kΩ의 값을 적용하시오.

2 $f = 1$ kHz인 $v_1 = v_2 = 1$ V의 교류 신호가 인가된다고 가정하고, 식 (14.1)을 이용해 그림 14.3 회로의 v_{out}(이론)을 구한 뒤, 표 14.1에 기록하시오.

표 14.1 가산기 v_{out}(이론)

<table>
<tr><th>v_1 [V]</th><th>v_2 [V]</th><th>R_1 [kΩ]</th><th>R_2 [kΩ]</th><th>R_f [kΩ]</th><th>v_{out}(이론) [V]</th></tr>
<tr><td rowspan="4">1</td><td rowspan="4">1</td><td>10</td><td rowspan="4">100</td><td rowspan="4">100</td><td></td></tr>
<tr><td>20</td><td></td></tr>
<tr><td>50</td><td></td></tr>
<tr><td>100</td><td></td></tr>
</table>

3 위 과정 2와 동일한 조건에서, 표 14.1에 보인 나머지 R_1 값에 대한 각각의 v_{out}(이론)을 구하고, 표 14.1을 완성하시오.

4 μA741의 핀 아웃을 확인하고, 그림 14.3의 회로($R_1 = 10$ kΩ, $R_2 = 100$ kΩ, $R_f = 100$ kΩ)를 실제로 구성하고 $f = 1$ kHz인 $v_1 = v_2 = 1$ V 교류 신호를 인가한 뒤, 오실로스코프를 이용해 정확한 v_{out}을 측정하고 그 결과를 표 14.2에 기록하시오.

표 14.2 가산기 v_{out}(측정)

v_1 [V]	v_2 [V]	R_1 [kΩ]	R_2 [kΩ]	R_f [kΩ]	v_{out}(측정) [V]
1	1	10	100	100	
		20			
		50			
		100			

5 위 과정 4의 오실로스코프로부터 측정된 출력 파형을 그림 14.4에 나타내어 전압 가산이 이루어지는지 확인하시오.

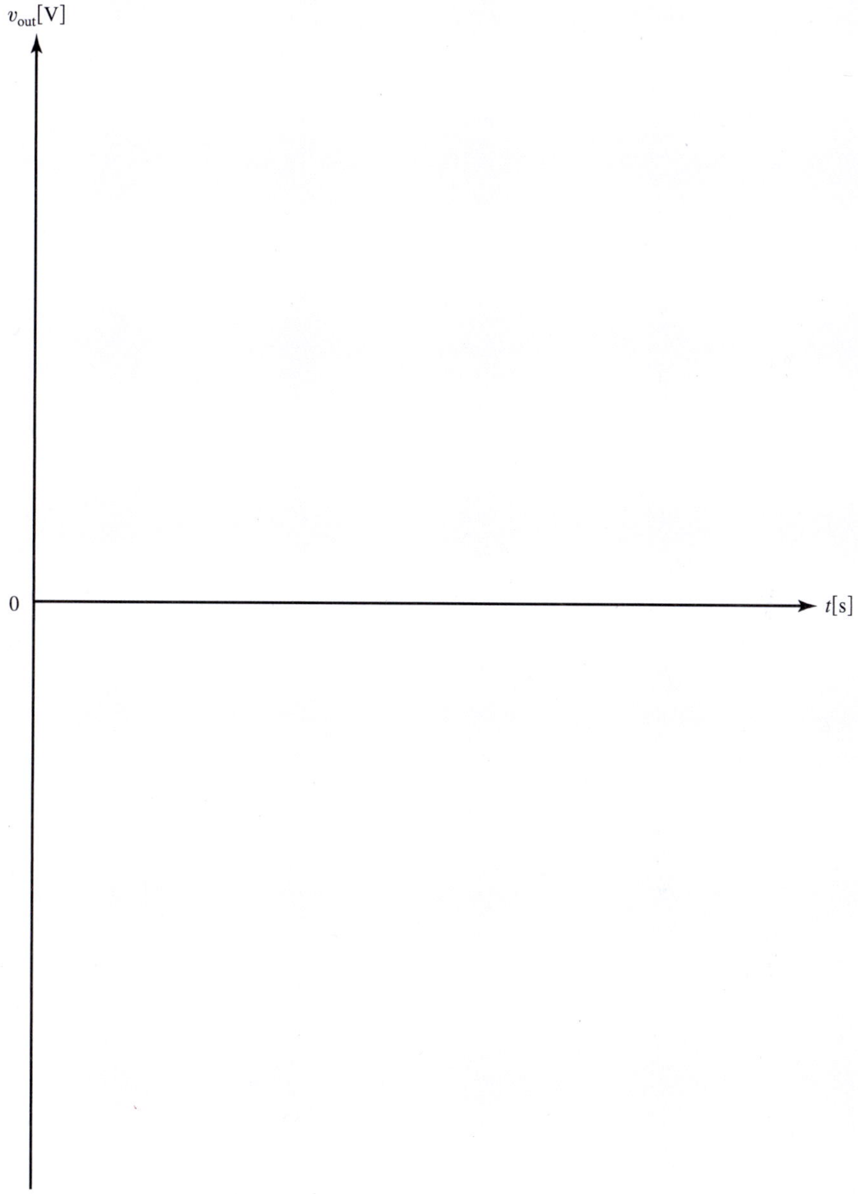

그림 14.4 가산기의 출력 파형

[6] 위 과정 [4]와 동일한 조건에서, 표 14.2에 보인 나머지 R_1 값에 대한 각각의 v_{out}을 측정하고, 표 14.2를 완성하시오.

7 표 14.1과 표 14.2에서 얻은 v_{out}(이론)과 v_{out}(측정)의 값을 서로 비교하고, 두 값의 차이가 있다면 차이를 발생시키는 원인이 무엇인지 논하시오.

14.4.2 감산기

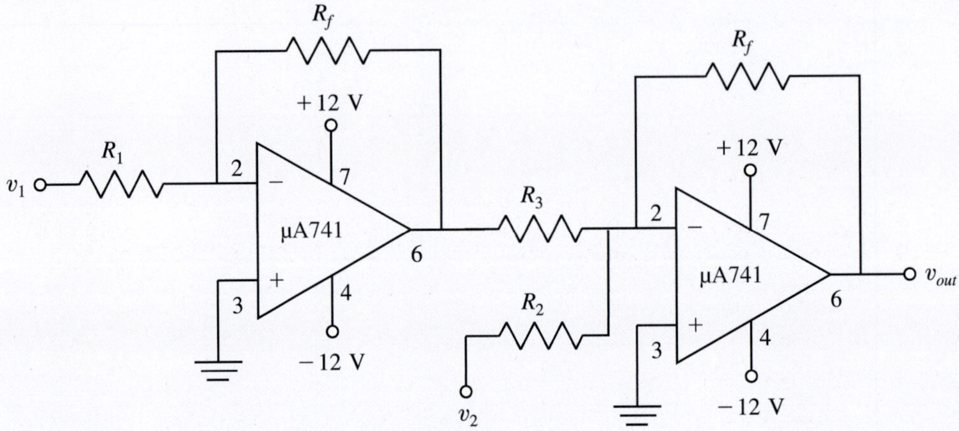

그림 14.5 감산기

1 그림 14.5 회로의 이론적 특성값을 구하기 위해 $R_1 = 10\ \text{k}\Omega$, $R_2 = 10\ \text{k}\Omega$, $R_3 = 50\ \text{k}\Omega$, $R_f = 50\ \text{k}\Omega$의 값을 적용하시오.

2 $f = 1\ \text{kHz}$인 $v_1 = 2\ \text{V}$, $v_2 = 1\ \text{V}$의 교류 신호가 인가된다고 가정하고, 식 (14.3)을 이용해 그림 14.5 회로의 v_{out}(이론)을 구한 뒤, 표 14.3에 기록하시오.

표 14.3 감산기 v_{out}(이론)

v_1 [V]	v_2 [V]	R_1 [kΩ]	R_2 [kΩ]	R_3 [kΩ]	R_f [kΩ]	v_{out}(이론) [V]
2	1	10	10	50	50	
3						
4						
5						

3 위 과정 2와 동일한 조건에서, 표 14.3에 보인 나머지 v_1 값에 대한 각각의 v_{out}(이론)을 구하고, 표 14.3을 완성하시오.

4 μA741의 핀 아웃을 확인하고, 그림 14.5의 회로($R_1 = 10$ kΩ, $R_2 = 10$ kΩ, $R_3 = 50$ kΩ, $R_f = 50$ kΩ)를 실제로 구성하고 $f = 1$ kHz인 $v_1 = 2$ V, $v_2 = 1$ V의 교류 신호를 인가한 뒤, 오실로스코프를 이용해 정확한 v_{out}을 측정하고 그 결과를 표 14.4에 기록하시오.

표 14.4 감산기 v_{out}(측정)

v_1 [V]	v_2 [V]	R_1 [kΩ]	R_2 [kΩ]	R_3 [kΩ]	R_f [kΩ]	v_{out}(측정) [V]
1	2	10	10	50	50	
	3					
	4					
	5					

5 위 과정 4의 오실로스코프로부터 측정된 출력 파형을 그림 14.6에 나타내어 전압 감산이 이루어지는지 확인하시오.

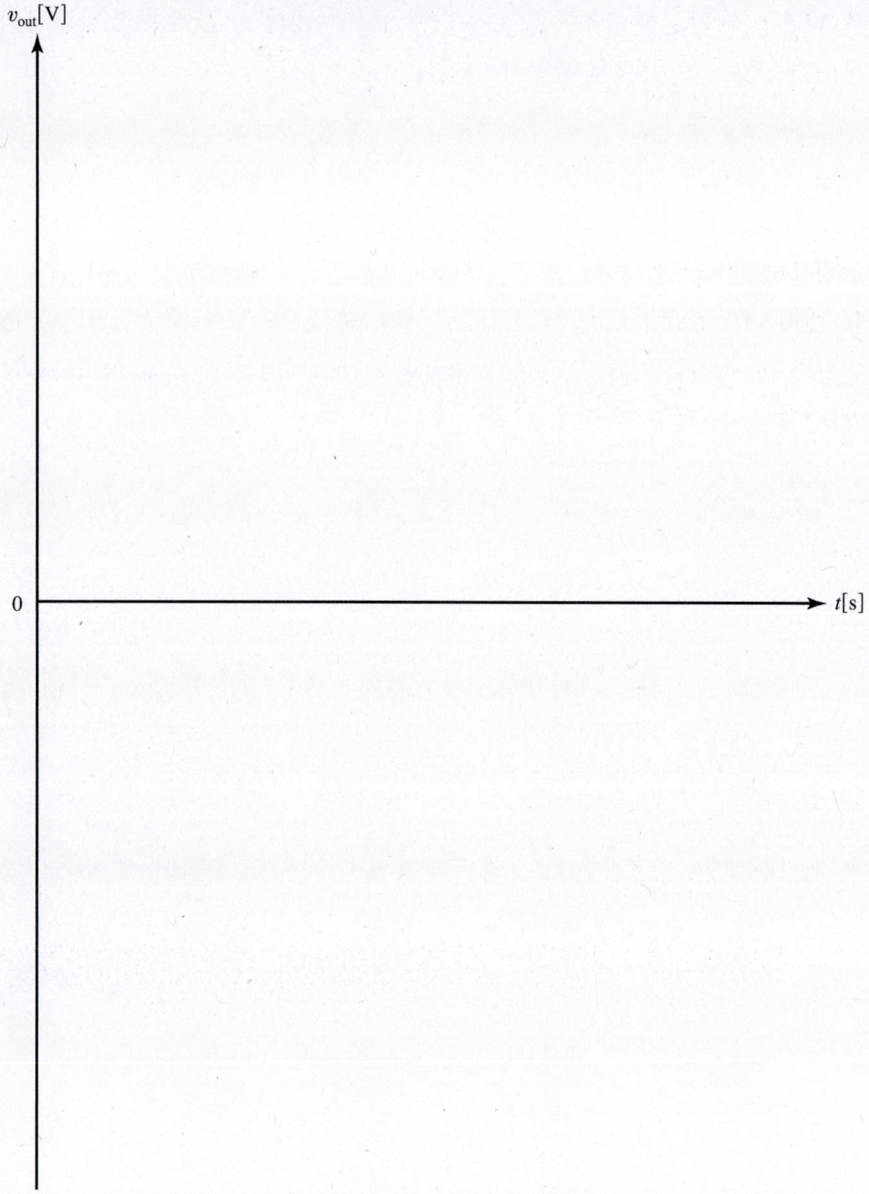

그림 14.6 감산기의 출력 파형

[6] 위 과정 [4]와 동일한 조건에서, 표 14.4에 보인 나머지 v_1 값에 대한 각각의 v_{out}을 측정하고, 표 14.4를 완성하시오.

7 표 14.3과 표 14.4에서 얻은 v_{out}(이론)과 v_{out}(측정)의 값을 서로 비교하고, 두 값의 차이가 있다면 차이를 발생시키는 원인이 무엇인지 논하시오.

8 그림 14.5의 회로에서 첫 번째 반전 증폭기의 출력 전압을 구하고 이 출력 전압을 두 번째 반전 증폭기의 입력 전압으로 고려한다면, 두 번째 반전 증폭기는 첫 번째 반전 증폭기의 출력 전압과 v_2가 함께 입력되는 가산기로도 해석이 가능할 수 있음을 증명하시오.

MEMO

실험 15
비교기 동작 특성

15.1 실험 목표

○ 비교기의 기본 특성을 이해할 수 있다.
○ 비교기의 기본 동작의 개념을 이해하고 입력 및 출력 파형을 제시할 수 있다.
○ 비교기 응용 동작 조건을 통해 출력 파형의 변화를 예측할 수 있다.

15.2 필요 장비 및 부품

- 직류 전력 공급기(DC Power Supply)
- 함수 발생기(Function Generator)
- 오실로스코프(Oscilloscope)
- μA741 IC
- 저항(Resistor): 400~500 Ω, 1.2 kΩ, 2.5 kΩ, 5 kΩ
- LED(Light-Emitting Diode)
- 브레드보드(Breadboard)

15.3 이론 요약

15.3.1 비교기 기본 특성

비교기는 하나의 입력 전압이 또 다른 입력 전압과 비교하여 크다(High) 또는 작다(Low)를 검출하는 회로를 말한다.

귀환 없는 개루프로 구성된다.

매우 큰 개루프 이득(보통 100,000 이상)을 갖는다.

선형 전압이 입력되어 디지털 전압의 형태로 출력($+v_{out} \simeq +V$, $-v_{out} \simeq -V$)된다.

15.3.2 비교기 기본 동작

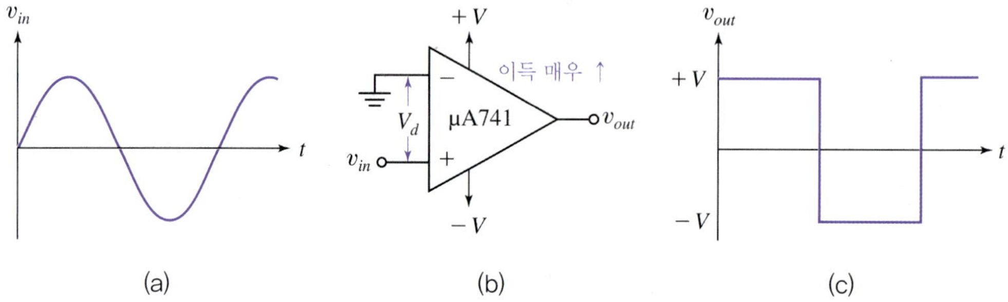

그림 15.1 (a) 입력 파형, (b) 비교기, (c) 출력 파형

그림 15.1에 보인 비교기의 기본 차동 입력전압은 $v_d = v_{in} - v_{i2} = v_{in} - 0 = v_{in}$이다.

차동 입력전압 $v_{in} > 0$이면 출력전압은 $+V$로 수렴되어 출력된다.

차동 입력전압 $v_{in} < 0$이면 출력전압은 $-V$로 수렴되어 출력된다.

15.3.3 비교기 응용 동작

그림 15.2에 보인 비교기의 차동 입력전압 $v_d = v_{in} - V_{ref}$이다.

차동 입력전압 $v_{in} - V_{ref} > 0$이면, 즉 $v_{in} > V_{ref}$일 때 출력전압은 $+V$로 수렴되어 출력된다.

차동 입력전압 $v_{in} - V_{ref} < 0$이면, 즉 $v_{in} < V_{ref}$일 때 출력전압은 $-V$로 수렴되어 출력된다.

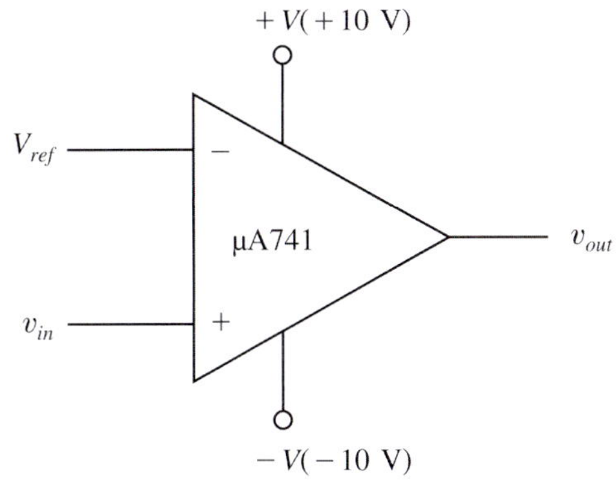

(a)

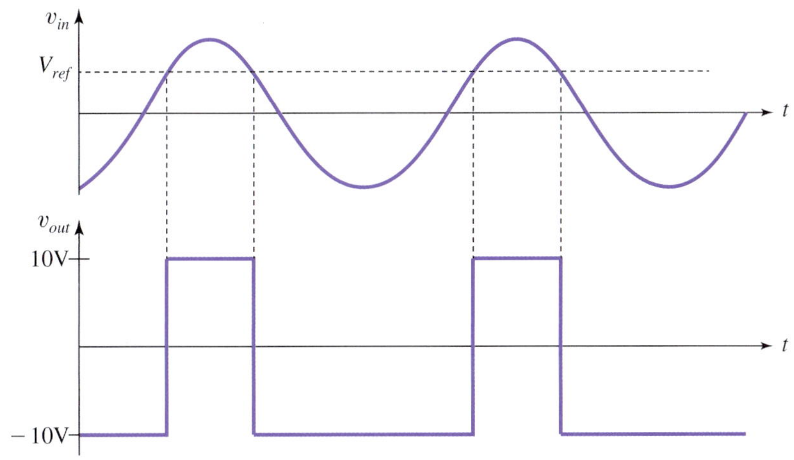

(b)

그림 15.2 기준 전압 V_{ref}이 반전 입력단에 연결된 (a) 비교기, (b) 입력 및 출력 파형

15.4 실험 과정

15.4.1 비교기 응용 동작 1

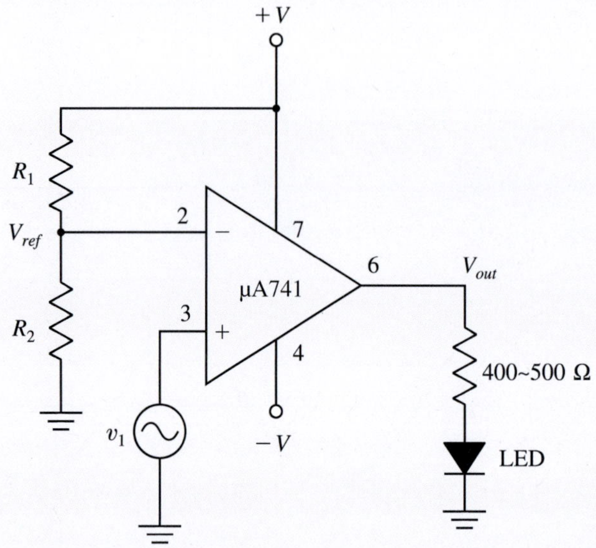

그림 15.3 LED가 켜지는 입력 전압 조건을 찾기 위한 교류입력 비교기

1 그림 15.3 회로의 이론적 특성값을 구하기 위해 $R_1 = 2.5\ \text{k}\Omega$, $R_2 = 5\ \text{k}\Omega$, $+V = 12\ \text{V}$, $-V = -12\ \text{V}$의 값을 적용하시오.

2 키르히호프의 전압법칙으로부터 유도된 다음 식을 이용해 직류전압 V_{ref}의 이론값을 계산하시오.

$$V_{ref} = \frac{R_2}{(R_1 + R_2)}(+V)$$

V_{ref}(이론)= [V]

3 LED를 켜기 위해, μA741의 출력전압 V_{out}은 +12 V 또는 −12 V 두 값 중 어떤 값으로 출력되어야 하는가?

V_{out}(이론) = [V]

4 위 과정 3의 결과에 대한 이유를 논하시오.

5 이론 요약 15.3.3에서 보인 비교기의 차동 입력전압 특성을 참고하여, 위 과정 3의 결과를 이끌어내기 위한 조건으로 다음 식의 □ 안에 부등호를 삽입하여 v_1과 V_{ref}(이론)의 관계식을 완성하시오.

$v_1 - V_{ref}$(이론) □ 0

6 $f = 1$ kHz인 $v_1 = 7.07$ V의 교류 신호가 인가된다고 가정하고, 2주기 이상의 입력 파형을 그림 15.4(a)에 그리시오.

7 위 과정 2에서 구한 직류전압 V_{ref}(이론)의 레벨을 그림 15.4(a)에 중첩하여 가로축에 평행하게 점선으로 표시하시오.

8 위 과정 5~7로부터 예상되는 출력 파형을 그림 15.4(b)에 그리시오.

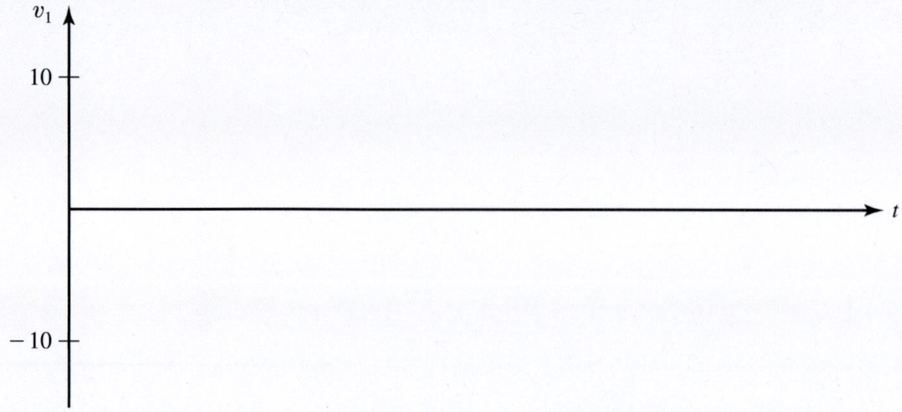

(a)

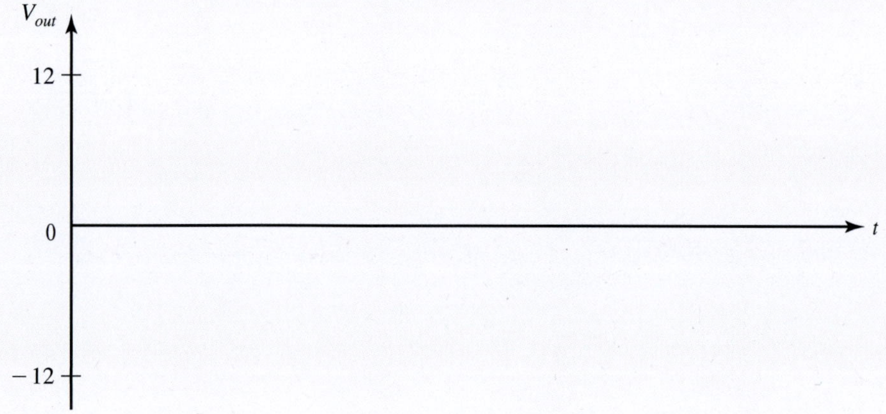

(b)

그림 15.4 LED가 켜지는 조건을 찾기 위한 비교기의 (a) v_1(이론)과 (b) V_{out}(이론)

9 μA741의 핀 아웃을 확인한 후, 그림 15.3의 회로($R_1 = 2.5\ \text{k}\Omega$, $R_2 = 5\ \text{k}\Omega$, $+V = 12\ \text{V}$, $-V = -12\ \text{V}$)를 실제로 구성하고, 오실로스코프를 이용해 V_{ref}를 정확히 측정하시오.

V_{ref}(측정) = [V]

10 $f = 1\ \text{kHz}$인 $v_1 = 7.07\ \text{V}$의 교류 신호를 실제로 인가한 뒤, 2주기 이상의 입력 파형(v_1)과 출력 파형(V_{out})을 오실로스코프의 채널 1과 채널 2에서 동시에 측정하고 각각의 파형을 그림 15.5(a)와 15.5(b)에 각각 그리시오.

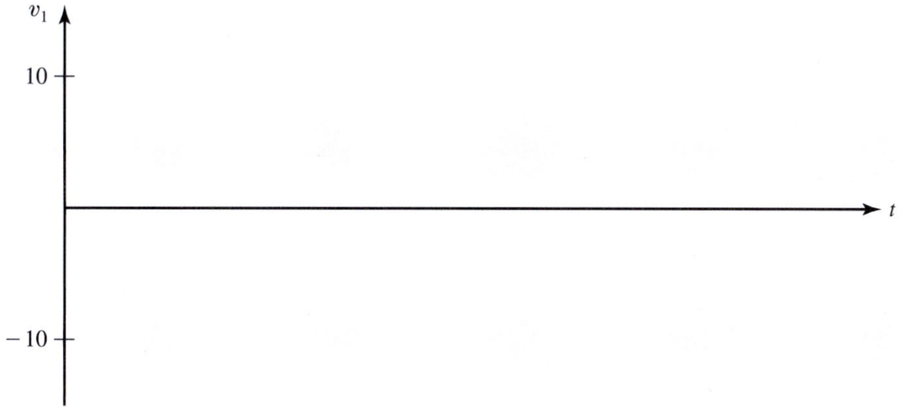

(a)

(b)

그림 15.5 LED가 켜지는 조건을 찾기 위한 비교기의 (a) v_1(측정)과 (b) V_{out}(측정)

11 그림 15.4와 그림 15.5의 각 파형을 서로 비교하고, 차이가 있다면 차이를 발생시키는 원인에 대해 논하시오.

12 그림 15.4(b)와 그림 15.5(b)의 파형을 서로 비교하였을 때, $v_1 > V_{ref}$인 시간대역에서 LED가 켜지는지 확인하시오.

⑬ 그림 15.4(b)와 그림 15.5(b)의 파형을 서로 비교하였을 때, LED가 켜지는 시간과 LED가 꺼지는 시간 중 어느 조건이 더 많은 시간대역을 차지하는지 확인하시오.

⑭ 위 과정 ⑫에서 LED가 켜지는 시간을 늘리려면, 그림 15.3 회로에서 보인 R_1과 R_2를 어떻게 변화시켜야 하는지 논하시오.

⑮ 위 과정 ⑫에서 $v_1 < V_{ref}$인 시간대역에서 LED가 켜지게 하려면 그림 15.3 회로를 어떻게 변형하여야 하는지 논하시오.

15.4.2 비교기 응용 동작 2

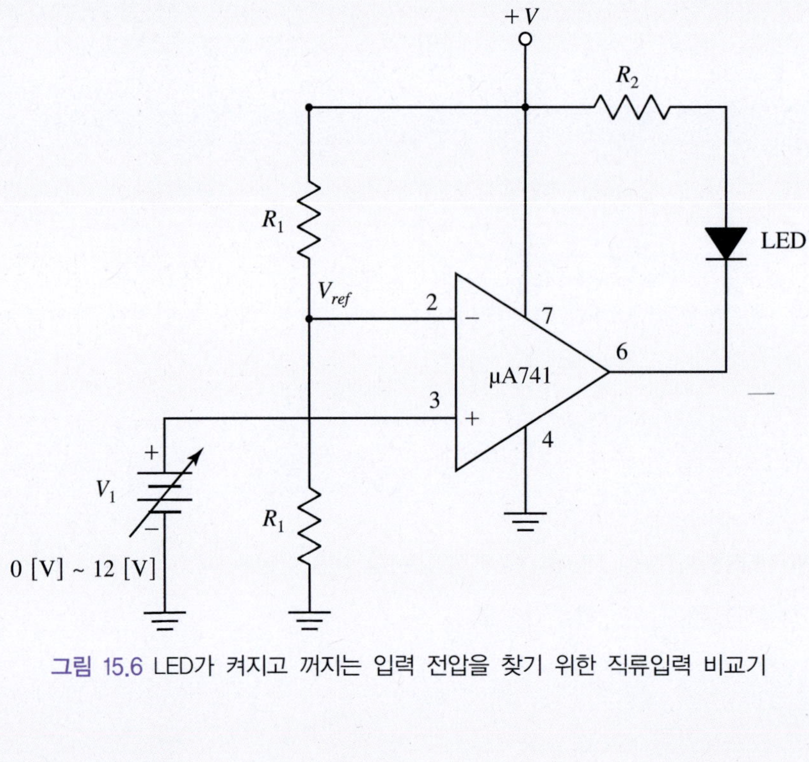

그림 15.6 LED가 켜지고 꺼지는 입력 전압을 찾기 위한 직류입력 비교기

1. 그림 15.6 회로의 이론적 특성값을 구하기 위해 $R_1 = 5\ \text{k}\Omega$, $R_2 = 5\ \text{k}\Omega$, $R_3 = 1.2\ \text{k}\Omega$, $+V = +12\ \text{V}$의 값을 적용하시오.

2. 키르히호프의 전압법칙으로부터 유도된 다음 식을 이용해 직류전압 V_{ref}의 이론값을 계산하시오.

$$V_{ref} = \frac{R_2}{(R_1 + R_2)}(+V)$$

V_{ref}(이론) = [V]

3. LED를 켜기 위해, μA741의 출력전압 V_{out}은 +12 V 또는 0 V 두 값 중 어떤 값으로 출력되어야 하는가?

V_{out}(이론) = [V]

4. 위 과정 3의 결과에 대한 이유를 논하시오.

5. 이론 요약 15.3.3에서 보인 비교기의 차동 입력전압 특성을 참고하여, 위 과정 3의 결과를 이끌어내기 위한 조건으로 다음 식의 □ 안에 부등호를 삽입하여 V_1과 V_{ref}(이론)의 관계식을 완성하시오.

$V_1 - V_{ref}$(이론) □ 0

6. μA741의 핀 아웃을 확인한 후, 그림 15.3의 회로($R_1 = 5\ \text{k}\Omega$, $R_2 = 5\ \text{k}\Omega$, $R_3 = 1.2\ \text{k}\Omega$, $+V = +12\ \text{V}$)를 실제로 구성하고, 오실로스코프를 이용해 V_{ref}를 정확히 측정하시오.

V_{ref}(측정) = [V]

7 정확한 직류전압 인가를 위해 μA741의 비반전입력에 직류 전력 공급기를 바로 연결하시오. 주의할 점: 직류 전력 공급기를 연결하기 전에 직류 전력 공급기의 출력전압이 0 V임을 반드시 확인한다. 참고로, 가변저항을 통해 직류전압을 조절하는 방법이 일반적이나 더 정확한 측정을 위해서 직류 전력 공급기를 직접 연결하여 사용한다.

8 직류입력전압 V_1을 0 V에서부터 천천히 증가시키며, LED가 꺼지는 순간의 V_1 값을 직류 전력 공급기를 통해 확인하고 기록하시오.

V_1[LED가 꺼지는 순간(측정)] = [V]

9 위 과정 5의 이론적 관계식과 위 과정 8에서 측정된 값을 비교하여 차이가 있다면 차이를 발생시키는 원인에 대해 논하시오.

10 그림 15.6의 μA741에 V_1과 V_{ref}이 서로 반대로 입력된다면, LED가 켜지는 조건은 어떻게 되는지 논하시오.

MEMO

실험 16
비교기 응용 회로

16.1 실험 목표

○ 윈도우 비교기를 구성하고 이를 해석할 수 있다.

○ 포토레지스터를 이용한 비교기 응용 회로를 구성하고 이를 해석할 수 있다.

16.2 필요 장비 및 부품

- 디지털 멀티미터(Digital Multimeter)
- 직류 전력 공급기(DC Power Supply)
- 함수 발생기(Function Generator)
- 오실로스코프(Oscilloscope)
- μA741 IC
- LM339 IC
- 저항(Resistor): 1.2 kΩ, 10 kΩ, 12 kΩ
- LED(Light-Emitting Diode)
- 포토레지스터(Photoresistor)
- 브레드보드(Breadboard)

16.3 이론 요약

16.3.1 윈도우 비교기

단일 비교기는 입력 전압과 기준 전압을 단순 비교하여 크다(High) 또는 작다(Low) 중

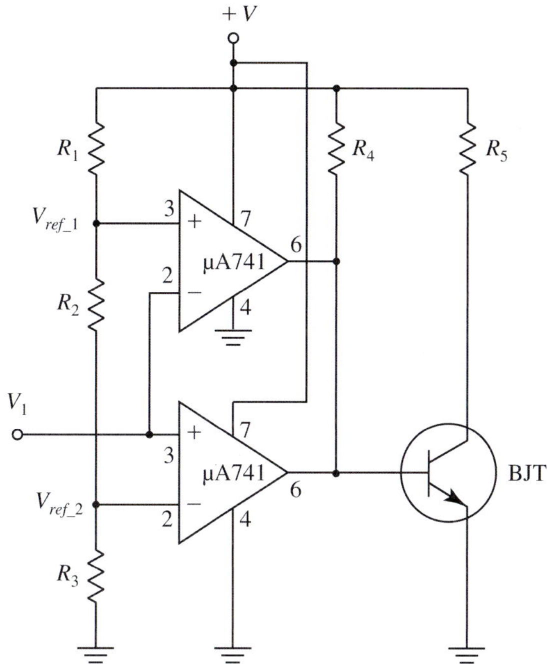

그림 16.1 윈도우 비교기

하나를 출력하므로 때때로 입력 전압이 특정 범위 내에 존재하거나 범위를 벗어날 때 정해진 값을 출력할 필요가 있는 다양한 응용 분야(로봇의 이동 방향 제어, 배터리 모니터링과 충전, 레벨 센서, 자동화 테스트 장비 등)에서는 사용하기 어렵다.

이를 위해 입력 전압이 두 기준 전압의 범위 내에 존재하거나 범위 밖에 존재할 때(윈도잉), 크다(High) 또는 작다(Low) 중 하나를 출력하는 비교기를 '윈도우 비교기'라 하며 대표적인 윈도우 비교기를 그림 16.1에 제시하였다.

그림 16.1의 회로는 두 연산증폭기 각각의 출력이 모두 같은 조건[+V(High) 또는 0(Low)]일 때만 동작한다. 이유는 출력 중 한쪽이 High이고 다른 한쪽이 Low이면, 두 연산증폭기 간 과전류가 흘러 두 증폭기에 큰 부담을 줄 수 있기 때문이다.

BJT의 컬렉터단으로 직류전류(I_C)가 흐르기 위해서는 두 연산증폭기의 각 출력단자에 모두 High(+V) 특성이 필요하며, 이는 BJT의 입력회로에 순방향 바이어스, 출력회로에는 역방향 바이어스가 걸려야만 BJT가 동작하기 때문이다.

두 연산증폭기의 각 출력단자에 High(+V)로 출력되더라도 BJT의 베이스단과 이미터단 사이의 직류전압은 +0.7 V로 제한된다.

두 연산증폭기의 각 출력단자에 모두 High(+V) 특성을 갖기 위한 두 조건은 $V_{ref\_1} - V_1 > 0$, $V_1 - V_{ref_2} > 0$이다.

따라서 위의 두 조건식을 정리하면 $V_{ref_2} < V_1 < V_{ref_1}$이며, 이는 두 연산증폭기의 각 출력단자에 High(+V)로 출력되는 최종 조건이 된다.

참고로, 그림 16.1의 회로에서 보인 바와 같이 네 개 이하의 연산증폭기가 사용될 때, 이를 하나의 IC로 대체하려 한다면 그림 16.2에 보인 LM339 쿼드 전압 비교기를 선택할 수도 있다.

(a)

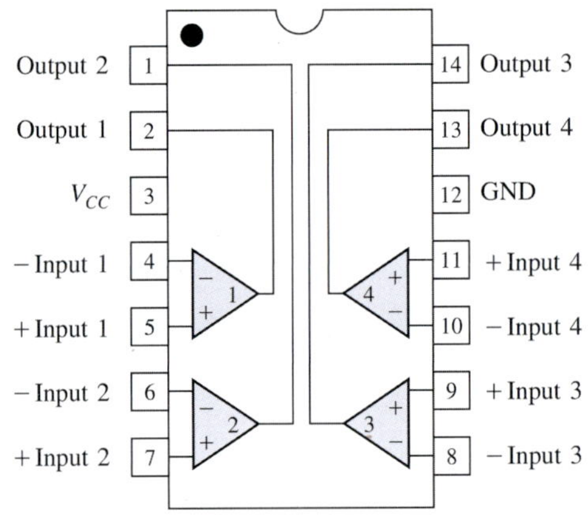

(b)

그림 16.2 LM339 IC의 (a) 구조와 (b) 핀 배치도
(이미지 출처: https://www.robomart.com/lm339-quad-differential-comparators-ic)

16.3.2 포토레지스터를 이용한 비교기 응용 회로

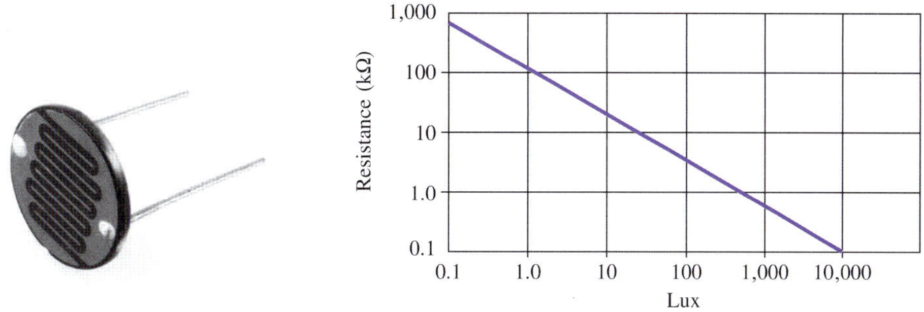

(a) (b)

그림 16.3 (a) 포토레지스터와 (b) 조도에 따른 저항 특성(이미지 출처: http://ardumall.co.kr/goods/goods_view.php?goodsNo=1000001368&inflow=daum)

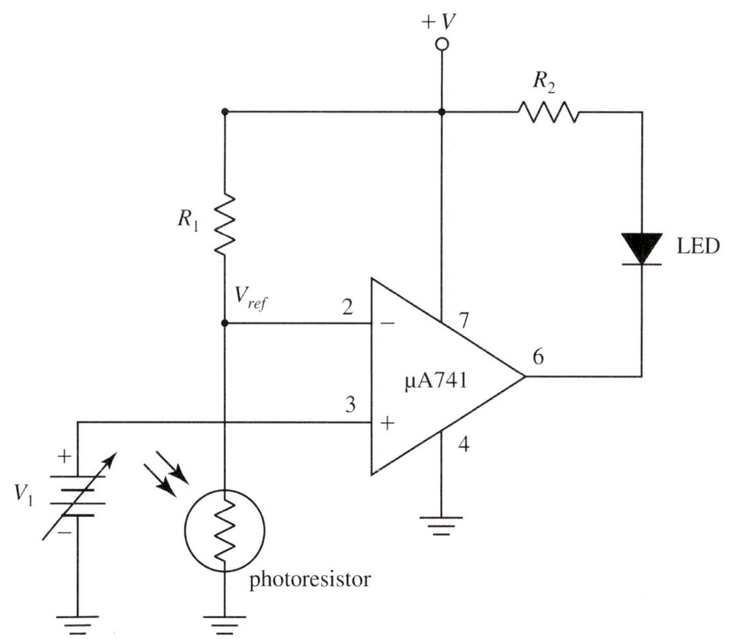

그림 16.4 광량에 따른 LED 켜짐/꺼짐 동작을 위한 비교기

그림 16.4의 회로는 그림 16.3에 보인 조도에 따라 저항값이 변하는 포토레지스터의 특성을 이용해 광량이 많을 때 LED가 꺼지고, 광량이 적을 때 LED가 켜지도록 동작하는 비교기 응용 회로이다.

광량이 많을 때(낮) LED가 꺼지는 동작 조건을 구해 보면, 포토레지스터의 윗면에 어떠한 가림도 없는 상황으로 가정할 수 있다. 이때 포토레지스터의 저항값과 포토레지스터 양단에 걸리는 전압을 각각 $R_{uncover}$ 와 $V_{ref\_uncover}$ 라 하면, LED가 꺼지는 동작조건은 연산증폭기의 출력이 +V(High)가 되어야 하므로 $V_1 - V_{ref\_uncover} > 0$ 이다.

광량이 적을 때(밤) LED가 켜지는 동작 조건을 구해 보면, 포토레지스터의 윗면에 어떤 가림이 있는 상황으로 가정할 수 있다. 이때 포토레지스터의 저항값과 포토레지스터 양단에 걸리는 전압을 각각 R_{cover} 와 V_{ref_cover} 라 하면, LED가 켜지는 동작 조건은 연산증폭기의 출력이 0(Low)이 되어야 하므로 $V_1 - V_{ref\_cover} < 0$ 이다.

위의 두 조건을 최종 정리하면, 광량이 많을 때 LED가 꺼지고, 광량이 적을 때 LED가 켜지는 동작 범위는 $V_{ref\_uncover} < V_1 < V_{ref\_cover}$ 이다.

16.4 실험 과정

16.4.1 LED가 켜지는 입력전압 범위를 찾기 위한 윈도우 비교기

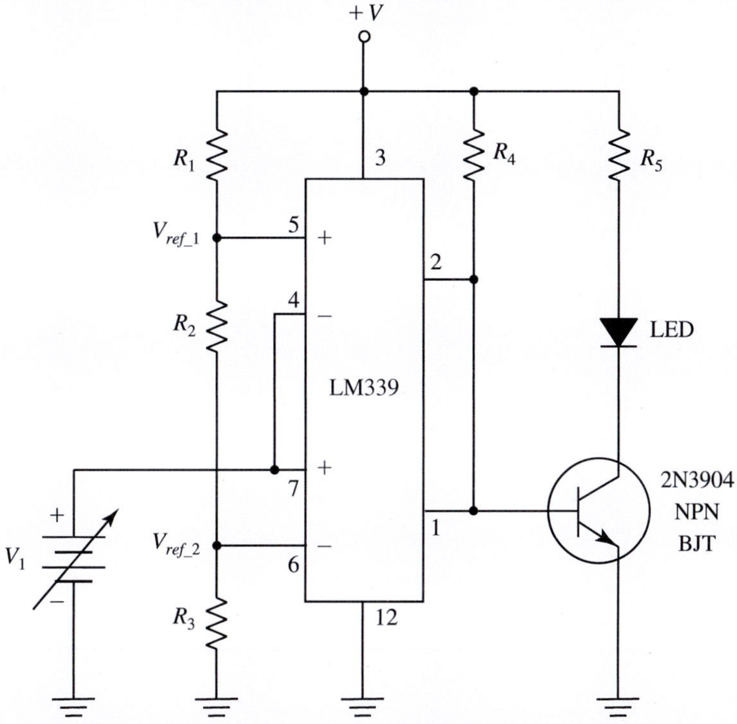

그림 16.5 LED가 켜지는 입력전압 범위를 찾기 위한 윈도우 비교기

1 그림 16.5 회로의 이론적 특성값을 구하기 위해 $R_1 = 10\ \text{k}\Omega$, $R_2 = 10\ \text{k}\Omega$, $R_3 = 10\ \text{k}\Omega$, $R_4 = 12\ \text{k}\Omega$, $R_5 = 1.2\ \text{k}\Omega$, $+V = 12\ \text{V}$의 값을 적용하시오.

2 키르히호프의 전압법칙으로부터 유도된 다음 식을 이용하여 V_{ref_1}과 V_{ref_2}의 이론값을 계산하시오.

$$V_{ref\_1} = \frac{R_2 + R_3}{R_1 + (R_2 + R_3)}(+V)$$

$$V_{ref\_2} = \frac{R_3}{(R_1 + R_2) + R_3}(+V)$$

V_{ref_1}(이론)= [V]

V_{ref_2}(이론)= [V]

3 LED를 켜기 위해, LM339의 핀 1번과 2번으로 출력되는 전압 V_{out} 값 모두 +12 V 또는 0 V 두 값 중 어떤 값으로 출력되어야 하는가?

V_{out}(이론)= [V]

4 위 과정 3의 결과에 대한 이유를 논하시오.

5 이론 요약 16.3.1에서 보인 윈도우 비교기의 특성을 참고하여, 위 과정 3의 결과를 도출하기 위한 조건으로 다음 식의 □ 안에 부등호를 삽입하여 V_1, V_{ref_1}(이론), V_{ref_2}(이론)의 관계식을 각각 완성하시오.

V_{ref_1}(이론)− V_1 □ 0

V_1−V_{ref_2}(이론) □ 0

6 위 과정 5의 두 조건식으로부터, LED를 켤 수 있는 V_1의 (이론적 동작) 범위(윈도우 구간 내)를 완성하시오.

7 LM339의 핀 아웃을 확인한 후, 그림 15.3의 회로(R_1 = 10 kΩ, R_2 = 10 kΩ, R_3 = 10 kΩ, R_4 = 12 kΩ, R_5 = 1.2 kΩ, + V = 12 V)를 실제로 구성하고, 오실로스코프를 이용해 V_{ref_1}과 V_{ref_2}의 값을 정확히 측정하시오.

V_{ref_1}(측정)= [V]

V_{ref_2}(측정)= [V]

⑧ 정확한 직류전압 인가를 위해 LM339의 핀 4번과 7번에 직류 전력 공급기를 바로 연결하시오. **주의할 점:** 직류 전력 공급기를 연결하기 전에 직류 전력 공급기의 출력 전압이 0 V임을 반드시 확인한다. 참고로, 가변저항을 통해 직류전압을 조절하는 방법이 일반적이나 더 정확한 측정을 위해 직류 전력 공급기를 직접 연결하여 사용한다.

⑨ 직류입력전압 V_1을 0 V에서부터 12 V까지 천천히 계속 증가시키며, LED가 켜지고 꺼지는 각각의 V_1 값을 직류 전력 공급기를 통해 확인하고 기록하시오.

V_1[LED가 켜지는 순간(측정)] = [V]

V_1[LED가 꺼지는 순간(측정)] = [V]

⑩ 위 과정 ⑨의 두 조건식으로부터 LED를 켤 수 있는 V_1의 측정된 동작 범위(윈도우 구간 내)를 완성하시오.

⑪ 위 과정 ⑥의 이론적 관계식과 위 과정 ⑨의 측정된 관계식을 비교하여 차이가 있다면 차이를 발생시키는 원인에 대해 논하시오.

⑫ 그림 16.5 회로에서 BJT를 제거한 뒤 기준전압(V_{ref_1}, V_{ref_2}) 사이의 윈도우 구간 내에서 LED가 꺼지게 하려면 회로를 어떻게 구성해야 하는지 논하시오.

16.4.2 포토레지스터를 이용한 비교기 응용 회로

① 양단이 서로 연결되지 않은 상태로 포토레지스터 소자 하나를 브레드보드 위에 꽂으시오.

② 실내의 천장 조명이 켜진 상태에서 포토레지스터의 윗면에 어떠한 가림도 없는 상태를 유지한 뒤 디지털 멀티미터를 이용해 포토레지스터 양단의 저항값을 측정하시오.

$R_{uncover}$(측정) =   [Ω]

③ 실내의 천장 조명이 꺼진 상태에서 포토레지스터의 윗면에 종이나 손으로 가린 상태를 유지한 뒤 디지털 멀티미터를 이용해 포토레지스터 양단의 저항값을 측정하시오.

R_{cover}(측정) =   [Ω]

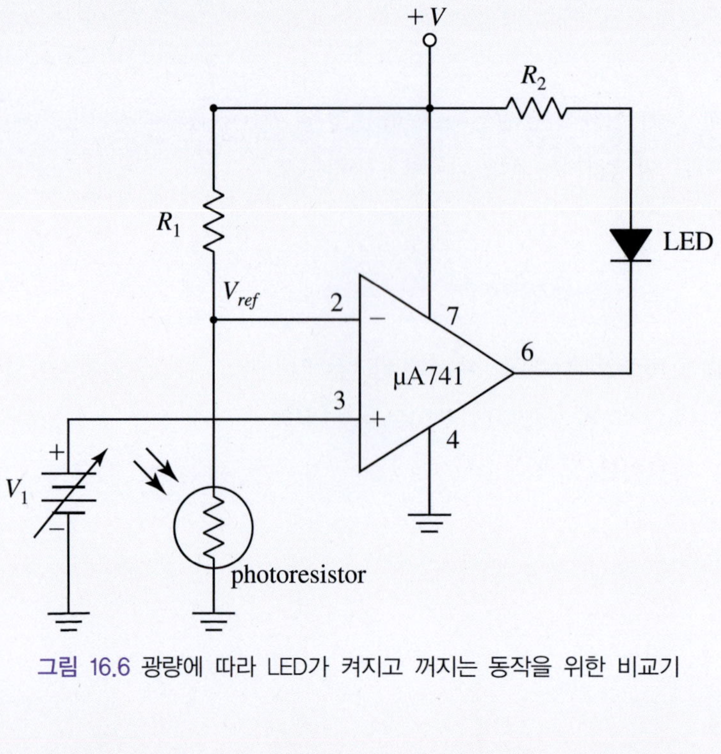

그림 16.6 광량에 따라 LED가 켜지고 꺼지는 동작을 위한 비교기

4 그림 16.6 회로의 이론적 특성값을 구하기 위해 $R_1 = 10\ \text{k}\Omega$, $R_2 = 1.2\ \text{k}\Omega$, $+V = 12\ \text{V}$의 값을 적용하시오.

5 키르히호프의 전압법칙으로부터 유도된 다음 식을 통해 $V_{ref_uncover}$와 V_{ref_cover}의 이론값을 계산하시오.

$$V_{ref\_uncover} = \frac{R_{uncover}}{R_1 + R_{uncover}}(+V)$$

$$V_{ref\_cover} = \frac{R_{cover}}{R_1 + R_{cover}}(+V)$$

$V_{ref\_uncover}$(이론) = [V]

V_{ref_cover}(이론) = [V]

6 LED를 끄기 위해, μA741의 출력전압 V_{out}은 +12 V 또는 0 V 두 값 중 어떤 값으로 출력되어야 하는가?

V_{out}(이론) = [V]

7 위 과정 6의 결과에 대한 이유를 논하시오.

8 이론 요약 16.3.2에서 보인 비교기의 차동 입력전압 특성을 참고하여, 위 과정 6의 결과를 이끌어내기 위한 조건으로 다음 식의 □ 안에 부등호를 삽입하여 V_1과 $V_{ref\_uncover}$(이론)의 관계식을 완성하시오.

$V_1 - V_{ref\_uncover}$(이론) □ 0

9 LED를 켜기 위해, μA741의 출력전압 V_{out}은 +12 V 또는 0 V 두 값 중 어떤 값으로 출력되어야 하는가?

V_{out}(이론) = [V]

10 위 과정 9의 결과에 대한 이유를 논하시오.

11 이론 요약 16.3.2에서 보인 비교기의 차동 입력전압 특성을 참고하여, 위 과정 9의 결과를 이끌어내기 위한 조건으로 다음 식의 □ 안에 부등호를 삽입하여 V_1과 V_{ref_cover}(이론)의 관계식을 완성하시오.

$V_1 - V_{ref\_cover}$(이론) □ 0

12 위 과정 8과 11의 두 조건식으로부터, 광량이 많을 때 LED가 꺼지고, 광량이 적을 때 LED가 켜지는 V_1의 이론적 동작 범위를 완성하시오.

13 μA741의 핀 아웃을 확인한 후, 그림 16.6의 회로(R_1 = 10 kΩ, R_2 = 1.2 kΩ, + V = 12 V)를 실제로 구성하고, 실내의 천장 조명이 켜진 상태에서 포토레지스터의 윗면에 어떠한 가림도 없는 상태를 유지한 뒤 오실로스코프를 이용해 $V_{\mathrm{ref_uncover}}$를 정확히 측정하시오.

$V_{ref\_uncover}$(측정) = [V]

14 이번에는 실내의 천장 조명이 꺼진 상태에서 포토레지스터의 윗면에 종이나 손으로 가린 상태를 유지한 뒤 오실로스코프를 이용해 V_{ref_cover}를 정확히 측정하시오.

V_{ref_cover}(측정) = [V]

⑮ 정확한 직류전압 인가를 위해 μA741의 비반전입력에 직류 전력 공급기를 바로 연결하시오. **주의할 점:** 직류 전력 공급기를 연결하기 전에 직류 전력 공급기의 출력 전압이 0 V임을 반드시 확인한다. 참고로, 가변저항을 통해 직류전압을 조절하는 방법이 일반적이나 더 정확한 측정을 위해 직류 전력 공급기를 직접 연결하여 사용한다.

⑯ 실내의 천장 조명이 켜진 상태에서 포토레지스터의 윗면에 어떠한 가림도 없는 상태를 유지한 뒤 직류입력전압 V_1을 0 V에서부터 12 V까지 천천히 계속 증가시키며, LED가 꺼지는 순간의 V_1 값을 직류 전력 공급기를 통해 확인하고 기록하시오. 또한 LED가 꺼지는 순간의 V_1부터 12 V 끝까지 직류입력전압을 계속 증가시켜도 LED가 계속 꺼진 상태를 유지하는지도 관찰하시오.

광량이 많을 때(낮)의 LED가 꺼지는 순간의 V_1(측정)= [V]

⑰ 실내의 천장 조명이 켜진 상태에서 포토레지스터의 윗면에 종이나 손을 이용해 가린 상태를 유지한 뒤 직류입력전압 V_1을 12 V에서부터 0 V까지 천천히 계속 감소시키며, LED가 켜지는 순간의 V_1 값을 직류 전력 공급기를 통해 확인하고 기록하시오. 또한 LED가 켜지는 순간의 V_1부터 0 V 끝까지 직류입력전압을 계속 감소시켜도 LED가 계속 켜진 상태를 유지하는지도 관찰하시오.

광량이 적을 때(밤)의 LED가 켜지는 순간의 V_1(측정)= [V]

⑱ 위 과정 ⑯~⑰의 두 조건으로부터, 광량이 많을 때 LED가 꺼지고, 광량이 적을 때 LED가 켜지는 V_1의 측정된 동작 범위를 최종적으로 완성하시오.

⑲ 위 과정 ⑫와 ⑱의 동작 범위를 비교하고, 차이가 있다면 차이를 발생시키는 원인에 대해 논하시오.

MEMO